OPTO

光電系列
Optoelectronic Series

光電系統與應用

The Application of Electro-optical Systems

林宸生 策劃

林奇鋒　林宸生　張文陽　王永成

陳進益　李昆益　陳坤煌　李孝貽　編著

本書特色

★ 本書為教育部顧問室「半導體與光電產業先進設備人才培育計畫」之成果。

★ 包含光電系統之基本原理、架構、發展、應用及趨勢，章節清楚完整。

★ 可作為大專院校專業課程教材，適用於光電、電子、電機、機械、材料、
化工等理工科系之教科書，同時亦適合一般想瞭解光電知識的大眾閱讀。

五南圖書出版公司 印行

序

　　本書為教育部顧問室「半導體與光電產業先進設備人才培育計畫」之成果，半導體與光電產業為我國全力發展的『兩兆雙星』關鍵性產業，目前，政府正積極和業者共同朝提高產品附加價值、提高設備自給率及建立自主研發能力等方向進行努力。在此特別感謝教育部支持，讓我們能夠有更多的資源將相關教材加以整理，使其得以顯現出更佳的面貌。同時也要謝謝逢甲大學林宸生教授協助召集作者群進行教材編撰與義務彙總排版的貢獻，在此一併致謝。

　　本書包含了光電系統之基本原理、架構與發展、應用與趨勢，各章節及其作者群條列如下：

1. 太陽能與光電半導體基礎理論（聯合大學林奇鋒博士）

2. 半導體概念與能帶（逢甲大學林宸生博士）

3. 光電半導體元件種類（逢甲大學林宸生博士）

4. 位置編碼器（虎尾科技大學張文陽博士）

5. 雷射干涉儀（雲林科技大學王永成博士）

6. 感測元件（光電、溫度、磁性、速度）（虎尾科技大學陳進益博士）

7. 光學影像系統元件（逢甲大學林宸生博士）

8. 太陽能電池元件的原理與應用（矽晶太陽能電池，化合物太陽能電池，染料及有機太陽能電池）（聯合大學林奇鋒博士）

9. 材料科技在太陽光電的應用發展（中華科技大學李昆益博士）

10. LED 原理及驅動電路設計（逢甲大學陳坤煌博士）

11. 散熱設計及電路規劃（中華科技大學李昆益博士）

12. LED 照明燈具應用（高雄應用科技大學李孝貽博士）

　　對光電產業的發展趨勢與其相關產業之設備自給率而言，培養相關設備人才之重要性實為當務之急，而適當的光電專業教材，則可以強化光電設備產業

的競爭力。本書可作為大專院校專業課程教材，也適合理工背景之讀者拿來當作學習光電科技之基礎，及一般想瞭解光電知識的大眾閱讀，並可提供企業中現職從事策略管理、新事業開發、業務、行銷、研究、企劃等人員作為參考，或給有興趣學習與研究的學生深入理解與認識光電科技，歡迎大家不吝給予批評指教。

作者謹識

目　錄

第八章　太陽能電池元件的原理與應用 ┃ 林奇鋒　　181

第九章　材料科技在太陽光電的應用發展 ┃ 李昆益　　209

第一章

太陽能與光電半導體基礎理論

作者　林奇鋒

1.1　前言

　　石化燃料，如煤炭、天然氣，以及石油，可視為將太陽能「儲存」於地球上的物質，為人類社會提供了廣大的能量來源。自工業革命以來，石化燃料大量的使用，亦促成了人類科技不斷的往前邁進。然而，使用石化燃料並非沒有代價的。這些遠古光和作用產物的儲存量是有限的，以人類消耗能源的速度估計，這些石化燃料的蘊藏量只能再提供不到百年的使用時間，且消耗的速度隨著眾多國家的開發與經濟的進步而提升。此外，隨著石化燃料的消耗，人類正逐漸將長久以來所儲存於地殼內的二氧化碳釋放回大氣中，造成大氣中二氧化碳含量的提升與氣候的變遷。近年來，由於體認到上述地球資源耗竭的潛在危機以及環保議題，人類開始積極的找尋各式的替代性能源以設法取代目前主流的石化燃料的應用。其中一種有效脫離石化燃料的方式便是使用如風力、海洋，與太陽能等再生性能源。根據計算，以 10% 的轉換效率，轉換 1% 地球陸地面積的太陽能，其能量即為全球所需能源的兩倍之多。若以目前的太陽能轉換技術，在一個 161 平方公里且陽光充足的區域架設太陽能發電系統，其一年產生的能量即可供給全美國一整年的能源需求。太陽能如此驚人的能量提供率，以及毫無蘊藏量限制，長久以來已被視為替代性能源的最佳選擇。

1.2　太陽能電池的簡史

　　回顧太陽能的歷史，乃是一系列物體光電轉換特性的研究歷程。物體的光電轉換特性中最為人所知的就是 1905 年由 Einstein 所提出的光電效應。當金屬表面被藍光或更短波長的紫外光照射時，光子所提供的能量足以讓金屬中的電子被激發且完全離開金屬表面，進一步的被觀測到。但光電轉換特性其實首先由 Edmund Bequerel 於 1839 年時所提出。他觀察到將銅氧化物或鹵化銀塗層的金屬電極浸入電解液中，即可在光作用下產生電流。1876年，William Adams 以及 Richard Day 發現將硒（selenium）樣品的兩端連接

白金接點時可產生光電流。此光電流的產生不同於硒本身的光導特性，在這個過程中，硒的光電流是自發性的產生，且無須外部電路提供能量的。而這個早期的光電元件也已經建立了金屬—半導體接面整流特性的概念。到了1894年，Charles Fritts 將硒夾在兩層金屬間，製備了第一個大面積的太陽能電池。在隨後的幾年當中，光伏效應都陸續的被發現在各種不同的結構當中，如銅—氧化銅的薄膜結構、硫化鉛，以及鉈硫化物。這些早及的太陽能電池都屬於肖特基勢壘（Schottky barrier）的半透明（穿透式）結構，但直到了1914年，金屬—半導體的接面整流特性才由 Goldman 和 Brodsky 所發表，而金屬—半導體的接面勢壘理論則是在1930年代才由 Schottky 及 Mott 所發展。

　　到了1950年代，由於矽電子元件的蓬勃發展以及 P-N 接面（P-N junction），的開發，讓元件產生比肖特基勢壘更好的整流接面特性，也進一步提升了光伏效應的能力。Chapin 以及 Fuller 在1954年發表了第一個矽太陽能電池，其功率轉換效率為 6%，高於早期所開發的元件效率六倍之多，被視為第一個具代表性的固態太陽能電池。而後，隨著半導體製程技術的進步，元件效率在往後的數十年中也不斷的有顯著提升。然而，在早期的太陽能電池中，其發電成本為 $200/W，如此高的發電成本使得太陽能電池無法大量的用於發電系統當中。因此在早期的發展中，太陽能電池應用的主要目標乃是位於電力與燃料無法輸送的偏遠地帶。此外，在太空衛星方面，需要的是高可靠度與低重量發電系統，而不在乎發電成本。故在50及60年代，矽晶元太陽能電池亦廣泛的被應用於太空科技當中。

　　到了1954年，以鎘硫化物（CdS）所製程的 P-N 接面太陽能電池開發成功，且具備 6% 的功率轉換效率。在隨後的幾年當中，由砷化鎵作為主動層材料的 P-N 接面太陽能電池亦成功的發表。這些材料提供了更高的光電轉換效率，然而，由於半導體製程以及微電子產業的進步，矽太陽能電池依然存在，且仍為最重要的太陽能電池材料。

　　在1970年代之後，由於石油危機促使世界各國產生了找尋替代性能源

的興趣，帶動了太陽能電池的發展。到了 90 年代，伴隨著越來越多的能源危機以及環保意識，人們更加積極的找尋代替石化燃料作為電力來源的可能性，擴大了太陽能發電的發展。在 90 年代後期，太陽能電池生產的規模以每年 15-25% 的速度擴張，帶動了成本的降低，更提升了太陽能發電的競爭力。

1.3　太陽能電池概述

1.3.1　光伏效應

光伏（photovoltaic）效應的能量轉換是一個將光能轉換成電能的單一步驟的轉換過程。光以光子的形式入射材料中，每個光子的能量取決於光子本身的頻率（即波長），當光子的能量足以激發材料中的電子，便可使其躍遷至更高的能態進行傳輸。在一般的情況下，當光被材料所吸收，且光子將能量轉移至被激發的電子後，這些被激發的電子將會以非常快的速度進行能量的釋放，並且回到初始的基態。但在一個光伏元件（photovoltaic device），或通常稱之為太陽能電池（solar cell）中，我們可經由內建的非對稱能量差異，在電子進行能量釋放前將之導出元件之外並輸送至外部電路中。帶有能量的電子將產生電位差或電動勢（emf），這些能量驅動電子通過外部電路中的負載，產生電能。

在半導體當中，通常利用元件內部 P-N 接面所產生的內建電場，將光伏效應產生的電子—電洞對導出元件。由於參雜物以及參雜濃度的不同，半導體可區分為富有電子的 n 型半導體，以及缺少電子，即富有電洞的 p 型半導體。在兩種不同極性的半導體形成接面時，半導體內的多數載子（電子或電洞）將因濃度分佈不均而在接面處往相對極性的半導體中擴散與復和。這樣的擴散與復合行為將在 P-N 接面處產生一個僅有陰陽離子，沒有自由電荷的空乏區（depletion region），並且因陰陽離子的分佈而產生一內

建電場。當半導體在外界光源照射下，若入射光的能量大於半導體中之能隙，半導體中價電帶（valence band）的電子將在吸收光能後被激發至傳導帶（conduction band）以上的能階，再以非常快的速度釋放能量並向下躍遷至傳導帶上，其多餘的能量將以熱能的形式釋放。傳導帶的電子與價電帶電子空缺所形成的電洞將視為一電子—電洞對（electron-hole pair）。此電子電洞對可能再度的復和並且釋放能量；或當電子—電洞對距離空乏區夠近時，便有機會在復和前因空乏區的內建電場的作用下而分離形並向兩端的電極集中，最後被外部電路蒐集而產生光電流。

1.3.2　空氣質量與太陽光譜

太陽輻射乃是地球一切能量的來源，在眾多太陽輻射的特性中，與太陽能電池關係最為密切的有兩項參數：輻照度（irradiance），即為地表上單位面積所接受太陽光功率；以及太陽光譜分佈特性。地球大氣層外的太陽輻射值被稱為太陽常數（solar constant），其大小為 1365 W/m^2。在經過大氣層的過濾之後。某些部分的太陽光譜減弱，而其輻射能量下降至約 1000W/m^2，這被定義為晴朗無雲的情況下，太陽垂直入射地表的標準能量。若一個人每天追蹤太陽六小時，則平均每日的太陽輻照度約為 $1000 \times (6/24) = 250$W/m^2。一般太陽能系統的規模與經濟效益評估中，較常使用的單位為日曬（insolation），而平均照輻度度與日曬間的關係式可表示如下：

$$\text{insolation} \frac{\text{kWh}}{\text{day-m}^2} = \text{irradiance} \cdot \frac{24\text{h}}{\text{day}} \cdot \frac{10^{-3}\text{kW}}{\text{W}} \tag{1.3.1}$$

例如，對於 250W/m^2 的輻照度而言，日曬量為 6kWh/day-m^2。

由太陽光譜輻照度所構成的空氣質量（air mass, AM）是指太陽光的光譜分佈及強度，與太陽光束入射地表之角度間的關係。如圖 1-3-1 所示，由於大氣層對太陽光譜的吸收將造成不同角度入射的太陽光，行經大氣層的路徑長度不同，故到達地表時其光譜分佈與強度亦有差異。我們將此差異以不

同的空氣質量定義之，其表示如下：

$$AM\ (number) = \frac{1}{\cos\theta} \qquad (1.3.2)$$

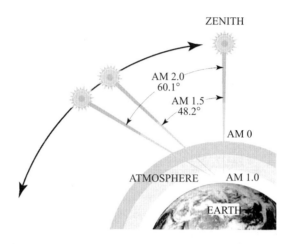

圖 1-3-1　太陽光入射角與空氣質量之關係（*Source*：M. Pagliaro, G. Palmisano, and R. Ciriminna, *Flexible Solar Cells*, John Wiley, New York, 2008.）

　　大氣層以外的太陽光譜，近似 5743K 的黑體輻射光譜，於被定義為 AM0，其照輻度為 $1365W/m^2$。而 AM0 的光譜則定義為太陽光由頭頂穿過大氣層，垂直入射地表平面之光譜，其能量約為大氣層外照輻度之 70%。此外，尚有 7% 之能量將經由大氣分子與懸浮微粒的散射到達地表。除此之外的能量皆為大氣層所吸收或反射回外太空。而在太陽能電池操作與分析中最常使用的 AM1.5 光譜則是以 48.19° 入射地表的太陽光譜，其能量在早期定義為 $844W/m^2$，但在近期的標準規範（ASTM E 892 及 IEC 60904-3）中，則將其歸一化為 $1000W/m^2$。圖 1-3-2 所示即為 AM1.5 的標準太陽光譜以及黑體輻射頻譜分佈，AM1.5 光譜中的取多凹陷處歸因於大氣中各種氣體分子，如 H_2O、CO_2、O_2，和 O_3 對太陽光的吸收。其中臭氧幾乎完全吸收波長為 0.3 微米以下之太陽光，而低於 0.8 微米的光譜凹陷大多來自於分子與顆粒物的散射，而其全光譜的總能量則定義為 $1000W/m^2$。此外，為了太陽

能電池的效率分析，以及計算光子與電子之間的能量與數量轉換，太陽光譜的波長亦可被轉變為光子能量以及電子伏特的關係，其關係式如下：

$$光子能量 = E = \frac{hc}{\lambda} \cong \frac{1.239}{\lambda(\mu m)}[eV] \qquad (1.3.3)$$

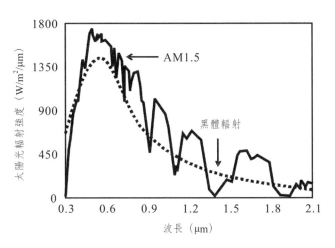

圖 1-3-2　AM1.5 太陽光譜以及黑體輻射頻譜圖

1.3.3　材料吸收

　　究竟有多少光子可被太陽能電池所吸收？這關係到太陽能電池的材料以及元件光學結構設計，換句話說即為材料吸收光的能力以及太陽能電池的幾何結構。其中一個最基本的問題就是，太陽光譜中有多少部分的光能被太陽能電池主體材料所吸收？當測定太陽能電池主體材料的吸收能力時，吸收率（absorptivity）是最有效的光學參數之一。在量子化的計算上，吸收率用以表達特定能量的入射光子被材料所吸收，且激發出電子—電洞對的比例，它是以能量 A(e) 或是波長 A(λ) 為變數被量測或是計算出的函數。將吸收率乘以入射光子通量後，可得到材料中被激發的電子—電洞數目，若更進一步的與電子電量（q）相乘，並對太陽光譜做積分後，便可得到該吸光材料在特

定太陽光譜入射下的最大電流產出。然而，並非所有的材料在吸收光子後皆會產生電子—電洞對，例如，能量提供至材料晶格震動而產生熱，而非電子的激發。在一般的情況下，材料的吸收率可由穿透及反射的量測而計算出。

更進一步有助於太陽能電池結構設計以及材料厚度最佳化的光學參數為吸收係數（absorption coefficient）。這是一個較為複雜的光學參數，必須由下式中材料的折射率出發。

$$n_e = n - i\kappa \qquad (1.3.4)$$

其中實數部分的 n 為材料的折射率，而虛數部分的 κ 則為消光係數。圖 1-3-3 所為一矽晶圓折射率對光子能量的分佈圖，一般而言，材料折射率的可由橢圓偏光儀量測之，這是一種利用光線偏振狀態改變以計算折射率變化的非破壞光學量測技術，其量測架構如圖 1-3-4 所示。其量測方式主要是利用線偏極化的入射光，在經過介電材料（如太陽能電池的半導體材料）的反射後，其偏振方向將改變為橢圓極化的原理來做計算。

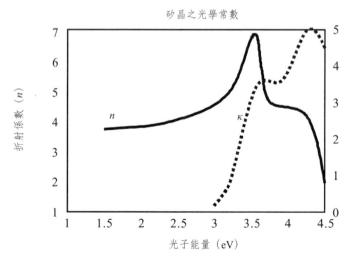

圖 1-3-3　矽晶圓之折射率對光子能量分佈圖

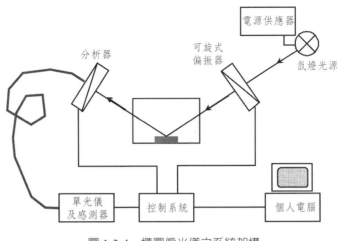

圖 1-3-4　橢圓偏光儀之系統架構

在計算出折射率後，材料的消光係數與吸收係數的關係如下式表示：

$$\alpha(\lambda) = \frac{4\pi\kappa(\lambda)}{\lambda}$$

（1.3.5）

圖 1-3-5 為矽晶圓的吸收係數對應入射光波長的分佈圖，其中材料的吸收係數，消光係數，甚至折射率都是入射光波長 λ 的函數，或者是可經由轉換後以光子能量 e 的函數表示之。

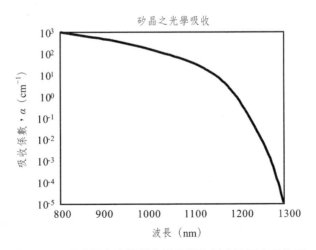

圖 1-3-5　矽晶圓之光學吸收係數對入射光波長之分佈圖

1.3.4　材料能隙

用於太陽能電池的另一個重要光學參數是太陽能電池吸光材料的光學能隙，這是將電子激發至高能階，使其可在太陽能電池中傳導至負載的最小能量。以矽晶圓為例，其材料能隙為 1-1eV，其對應波長約為 1100nm。當材料的光學能隙被量測出後，即可計算其製作為太陽能電池轉換效率的理論極限。能隙過高的材料，在太陽光譜照射下，僅能吸收較短波長的入射光，產生較小的光電流。而太小的能隙，雖然其吸光的範圍較大，可以產生較大的光電流。但較小能隙造成小低的電壓輸出，亦會導致較低的光電轉換效率。而在 AM1.5 的太陽光譜照射下，擁有最佳光電轉換效率的能隙為 1.35eV。

1.4　元件特性

1.4.1　量子效率

由光伏效應的定義可之，太陽能電池的光電轉換效率主要取決於幾個重點：材料對太陽光的吸收能力與吸收的波長範圍、半導體內部 P-N 接面的設計，以及材料的電荷傳輸特性。這些特性對光電轉換效率的影響可由量子效率（quantum efficiency）來表達。

量子效率的目的表示太陽能電池中，不同頻率的入射光子轉換至電子的效率。一般而言，量子效率的計算乃是以不同能量的光入射至太陽能電池中，並且由光電流的大小來計算元件的量子轉換效率，其計算方式如下：

$$光子數量 \ N_{photon}(\lambda) = \frac{\Phi(\lambda) \cdot \lambda}{hc} \tag{1.4.1}$$

$$電子數量 \ N_{electron}(\lambda) = \frac{J_{SC}(\lambda)}{q} \tag{1.4.2}$$

$$量子效果\ QE\ (\lambda) = \frac{N_{electron}}{N_{photon}} = \frac{J_{SC}(\lambda)\cdot hc}{\Phi(\lambda)\cdot q\lambda} \tag{1.4.3}$$

其中 $\Phi(\lambda)$ 為入射光隨波長的光通量密度，λ 為入射光波長，c 是光速，h 是普朗克常數。反之，在短路（V = 0）的情況下，太陽能電池的光電流產生與入射光譜的分佈與強度有關，以及元件的量子效率有關，整體元件的光電流可由量子效率 QE 來計算，其計算公式如下：

$$J_{SC} = q \int \Phi(E)QE(E)dE \tag{1.4.4}$$

　　量子效率與太陽能電池主體材料對光的吸收效率與範圍，以及元件的接面與傳輸有直接的關係，也因此量子效率可說是判斷太陽能電池元件優劣的一項重要參數。圖 1-4-1 為一 GaAs 太陽能電池的量子效率與太陽光譜分佈的對照圖。

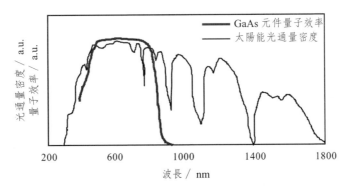

圖 1-4-1　GaAs 太陽能電池之量子效率與太陽光譜分佈圖

　　此外，在量子效率與光電流的計算中，我們可以發現光的波長與能量間可以有相對應的轉換，其光子在不同波長 λ 以及能量 E 之間的關係可表示如下：

$$E = \frac{hc}{\lambda} \tag{1.4.5}$$

1.4.2　功率轉換效率

　　除了量子效率之外，定義太陽能電池效率的另一重要參數為功率轉換效率（power conversion efficiency）。不同於量子效率，功率轉換效率意指入射的光功率轉換為電功率的比例，也是一般太陽能電池操作中，較為人所熟知與慣用的效率表達方式，通常可由元件在外界光源照射下的電流—電壓曲線中計算得知。圖 1-4-2 所示即為一太陽能電池在暗態以及模擬太陽光源照射下之電流密度—電壓曲線圖。在無外界光源照射的暗態，太陽能電池特性與一般二極體無異；在外界光源照射下，太陽能電池會因吸收入射光產生光電流，而有一個抵抗外部電路電流注入的逆向電流產生，使得元件的電流對照暗態電流產生一個近乎平移的現象，此跨越第四像限的正偏壓—負電流特性曲線是太陽能電池分析中最主要的操作區，也是表示太陽能電池具備功率輸出特性的最佳表示。在逐漸增加操作電壓至略大於元件內建電壓大小時，因內建電場被抵銷而無法有效分離光激發的電子電洞對與傳輸載子的關係，元件的光電流將會迅速的減小至零，隨後因注入電流大於元件所產生的光電流，故元件的電流—電壓曲線將回到第一像限。在此特性曲線於第四像限的表現可定義出幾項重要的特性參數：第一是開路電壓（open-circuit voltage, V_{OC}），為外部電路注入的電流完全抵銷光電流時，也就是測得元件電流為零（近似於開路狀態）所施加之偏壓，代表元件所能產生的最大電位能。在太陽能電池中，開路電壓通常來自與 n 型與 p 型半導體之費米級（Fermi level）的差異，並受到金屬—半導體接面特性的影響而有所修正。第二為短路電流密度（short-circuit current density, J_{SC}），為元件在照光狀態下，外部電路施加施加零偏壓時（近似於短路狀態）所測得之電流密度，代表元件在吸光之後所能產生的光電流，與半導體材料的吸收，外界光源的強度、入射角度，以及光譜分佈有關。除了直接從電流,電壓特性曲線求得之外，亦可從量子效率以及入射光的強度分佈，由（1.4.4）式中求得。

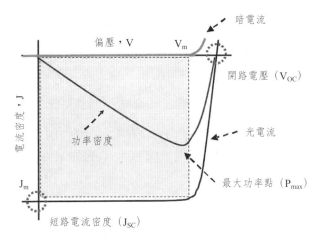

圖 1-4-2　太陽能電池於暗態以及模擬太陽光源照射下之電流密度—電壓曲線圖

除了開路電壓與短路電流之外，在太陽能電池的電流密度—電壓曲線中還包含了數個重要的特性參數。第四象限中電流密度—電壓的乘積為元件可輸出的電功率密度，其中最大乘積被定義為最大功率密度（P_{max}），代表元件在單位面積下可輸出的最大電功率。在最大功率點所對應的電流與電壓值分別定義為最大電流密度（J_m）及最大電壓（V_m）。此電壓、電流密度與功率密度的關係可表示為：

$$P_{max} = J_m V_m \qquad\qquad (1.4.6)$$

而在理想無損耗的狀態下，元件所能產生的最大功率密度之理論極限即為開路電壓與短路電流密度的乘積。此最大功率的實際值與理論極限的比值則被定義為填充因子（Fill Factor, FF），代表元件所能產生的最大功率與實際輸出功率間的比例，亦可視為元件中非理想狀態的損耗所造成的影響。而重要的功率轉換效率則是由元件所產生的最大功率與入射光功率的比值來表示，各參數間的關係可由下列公式來描述：

$$FF = \frac{(JV)_{max}}{J_{SC}\,V_{OC}} = \frac{J_m V_m}{J_{SC}\,V_{OC}} \qquad\qquad (1.4.7)$$

$$P_{\max} = (JV)_{\max} = V_{OC} \cdot J_{SC} \cdot FF \qquad (1.4.8)$$

$$\eta\,(\lambda) \equiv \frac{I_{SC}(\lambda) \cdot V_{OC}(\lambda) \cdot FF(\lambda)}{P_{light}} \qquad (1.4.9)$$

在實際的元件中，元件照光後所產生的電功率將會經由材料的接面電阻以及元件邊緣的漏電流而有部分損耗。這些損耗可等效於兩個寄生電阻，包含了串聯電阻（series resistance, R_s）與並聯電阻（shunt resistance, R_{sh}）。其中串聯電組代表材料的導電特性，以及表面的接觸電阻，通常與元件內部的載子遷移率（carrier mobility）有關。在高電流密度，如聚焦的太陽光下，串聯電組將會是個特別嚴重的問題。相較於串聯電阻，並聯電阻隨著元件漏電流的增加而下降，其主要來自於元件邊緣的漏電流或是不同極性之材料接面特性的影響，為造成元件整流特性變化的一個主要參數。

在參數分析上，串聯電阻之定義方式為取照光下之電流密度—電壓特性圖中電流為零（$V = V_{OC}$）處之切線斜率的倒數；而並聯電阻則可由特性圖中電壓為零（$J = J_{SC}$）處之切線斜率的倒數計算之，其公式關係如下：

$$R_s \cong \left(\frac{I}{V}\right)^{-1}_{V = V_{OC}} \qquad (1.4.10)$$

$$R_{sh} \cong \left(\frac{I}{V}\right)^{-1}_{I = I_{SC}} \qquad (1.4.11)$$

而串連與並聯電阻之元件特性區間與填充因子的影響則如圖 1-4-3 所示。由圖 1-4-3 與上述關係式可知，過高的串聯電阻和較低的並聯電阻皆會降低太陽能電池的填充因子，導致輸出功率的減少。故對於一個高效率的太陽能電池元件而言，我們希望盡可能的降低材料的阻抗已降低串聯電阻；同時改善元件的接面特性以降低漏電流，有效的提升元件之並聯電阻。

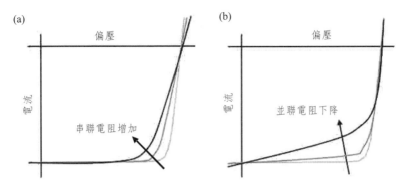

圖 1-4-3　串聯電阻與並聯電阻的變化對太陽能電池特性曲線之影響

1.4.3　暗電流與開路電壓

當太陽能電池連接至一個負載時，電池兩端所產生的電位差將產生一股與光電流方向相反的逆向電流，將系統整體的電流減小至短路電流之大小。這個反向電流通常稱之為暗電流，並且標註為 $J_{dark}(V)$，乃是太陽能電池在暗態下隨著操作電壓變化所流經元件的電流。大多數的太陽能電池在暗態操作下近似於一個二極體，在順向偏壓（V > 0）下擁有比反向偏壓（V < 0）更大許多的電流，這是由於為了有效的分離光激發的電子電洞對。太陽能電池的元件結構通常由兩種極性不同的材料所組成的非對稱接面所構成，這樣的非對稱接面所造成的整流特性也成為了太陽能電池的一個操作特性之一。而在一個理想的二極體中的暗電流密度 $J_{dark}(V)$ 則可表示如下：

$$J_{dark}\ (V) = J_o\ (e^{qV/k_B T} - 1) \tag{1.4.12}$$

其中 J_0 是二極體的逆向飽和電流，是一個由材料參數所影響的常數；k_B 為波茲曼常數；T 為絕對溫度。而太陽能電池的整體電壓—電流響應則可由短路電流（光電流）與暗電流的疊加，且定義光電流與暗電流互為相反的符號近似之，如下列所示：

$$J(V) = J_{dark}(V) - J_{SC} \qquad\qquad (1.4.13)$$

而在許多的研究與報告中，會定義光電流為正號而反向暗電流為負，且元件的電壓—電流特性曲線則如圖 1-4-4 所示，乃是一個對稱於電壓軸，跨越第一像限的曲線圖。這是為了更有效且便利的分析太陽能電池在照光下的光電特性，其物理意義仍是相同的。若以圖 1-4-4 定義元件電流的方向，並將（1.4.12）式帶入後，可將太陽能電池之電壓—電流密度特性方程式由（1.4.13）式重新整理為下列表示：

$$J(V) = J_{SC} - J_{dark}(V) \qquad\qquad (1.4.14)$$

$$J(V) = J_{SC} - J_o \left(e^{qV/k_BT} - 1\right) \qquad\qquad (1.4.15)$$

此外，雖然元件在照光下隨電壓變化的反向電流並不一定等於在暗態下的電壓—電流變化，但這個近似對於許多太陽能電池材料而言是合理的。

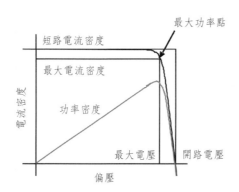

圖 1-4-4　另一種太陽能電池電壓—電流密度特性曲線的表示法

依照前述定義，當元件的整體電流為 0，也就是元件的光電流與暗電流完全抵銷時，可近似於元件處於一個被開路隔絕的狀態，這時可由（1.4.15）式推導出元件之開路電壓為

$$V_{OC} = \frac{kT}{q} \ln\left(\frac{J_{SC}}{J_0} + 1\right) \qquad\qquad (1.4.16)$$

由上式可知，元件的開路電壓隨光電流，即照光強度的變化成對數增加。且值得注意的是，開路電壓發點生在正向偏壓的情況下，如圖 1-4-4 中功率密度為正值，表示在電壓在 $0 < V < V_{OC}$ 的區間中，元件在照光後將產生電功率。在 $V < 0$ 時，元件在外界光源照射下的表現如同一個光偵測器，消耗能量且產生光電流，且光電流與入射光強度相關但與操作電壓無關。而在 $V > V_{OC}$ 時，太陽能電池也是一個耗能的元件，表現有如同一個發光二極體（light-emitting diode, LED）。且事實上，某些太陽能電池材料在暗電流狀態下是會伴隨著發光效應的。

1.4.4　等效電路模型

在電路表示上，如圖 1-4-5 所示，太陽能電池可視為一個電流源與一個非線性且非對稱的電阻元件（如二極體）的並聯。在外界光源照射下，一個理想的太陽能電池將產生一個正比於入射光功率的光電流，而此光電流依照一定的比例分配至負載以及二極體所等效的可變電阻上，其分配的比例將因負載阻抗以及入射光強度不同而異。對於一個阻抗較高的負載而言，流入負載的電流較少而較多的光電流將流入二極體中，使二極體產生較大的電位差並提供光電壓。若無二極體的存在，則此太陽能電池將無法提供光電流至負載。

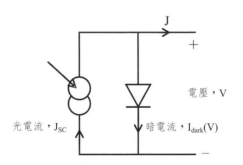

圖 1-4-5　理想太陽能電池之等效電路模型

1.4.5　非理想狀態的等效電路

如前述所知，因元件中各種損耗造導致生電阻（串聯電阻與並聯電阻）的改變，以至於一個電壓—電流特性表現如（1.4.12）式所表示的理想二極體，以及如（1.4.15）式所示的理想太陽能電池元件是幾乎不存在的。一般而言，一個非理想的二極體電流與電壓真正的相依性將由一個理想因子 n 來做修正，而其電壓—電流關係將被修正如下：

$$J_{dark}(V) = J_o \left(e^{qV/nk_B T} - 1 \right) \tag{1.4.17}$$

其中理想因子 n 的數值介於 1 到 2 之間。一個考慮到寄生電阻之影響的太陽能電池，其等效電路模型則如圖 1-4-6 所示。考慮串聯電阻（R_s）與並聯電阻（R_{sh}）的影響，（1.4.15）式中二極體之電壓—電流特性以及（1.4.13）式中太陽能電池之特性公式可修正如下：

$$J_{dark}(V) = J_o \left(e^{q(V+JR_s)/kT} - 1 \right) \tag{1.4.18}$$

$$J(V) = J_{sc} - J_o \left(e^{q(V+JR_s)/kT} - 1 \right) - \frac{V+JR_s}{R_{sh}} \tag{1.4.19}$$

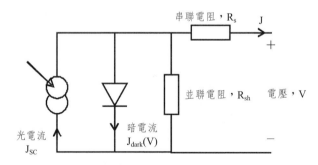

圖 1-4-6　非理想狀態的太陽能電池等效電路模型

參考書目

1. Bahaa E.A. Saleh , Malvin Carl Teich, "Fundamentals of Photonics", A Wiley-Interscience Publication, 1991.

2. M. Pagliaro, G. Palmisano, and R. Ciriminna, *Flexible Solar Cells*, John Wiley, New York, 2008.

第二章

半導體概念與能帶

作者　林宸生

2.1　光能與輻射

在今天光電產業發展中，光電訊號的轉換已成為資訊處理傳送的一種重要技術，尤其廣泛的應用於衛星系統、軍事裝備、通訊、電腦設備、事務機器及自動控制系統等方面都成果斐然。近年來，由於光電元件的特性、靈敏度及效率大幅提昇，使得光電元件的應用更為普及。光電元件如光電材料、磊晶片、發光元件、感光元件、太陽電池等，又可以分為發光元件、受光元件和複合元件三項 [1-4]。發光元件例如發光二極體、雷射二極體、電漿發光元件等，主要是將電能轉換為光能，目前較為普及的是發可見光譜及紅外線光的元件。受光元件常見的有光二極體、接觸式影像感測器（CIS）、光電晶體、電荷耦合元件（CCD）、太陽電池等，主要則用來將光能轉換為電的訊號，其適用的光譜也以可見光譜及紅外線光範圍居多。至於複合元件則如光耦合器、光斷續器等皆是。而光電顯示器產業也常與發光二極體（LED）、雷射二極體（LD）等產業合併稱為光電元件產業。

貝克勒爾（Becqurel）在 1839 年從電解液中被光照射的一對電極觀察到光電效應，當光照射到電極時會有電壓出現，這是第一次人類觀察到光電效應現象的記錄，可惜他未能對這一現像作更進一步的研究。史密斯（Smith）（1873 年觀察硒（Se）棒曝露在太陽光中電阻會減低，當硒遇見陽光時，就像電池一樣會產生電能，而當陽光被遮住後，電壓即消失，這一發現，揭開世人對光電元件的認識。1950 年，愛因斯坦（Albert Einstein）利用微粒子理論來說明光電效應，至此科學家認為光具有二元特性，在分析光的行進傳播時，認為光是一種波動，而在光電相互作用時，則把光視為一種粒子，稱為光子（Photon）。由於光本身和水波、高爾夫球或子彈其實存在在很大的差異，光波的的物理量又是那麼的細微，可見光的波長大概是頭髮直徑的百分之一，因此光在本質上有摸不著也看不清的特性，可是我們仍然不得不從看得見的現象，例如水波波動，或是高爾夫球與子彈的粒子碰撞，藉此來解釋光。

　　光為一種電磁波，其波長一般約由 100 奈米（nm）至 8000nm，其中僅有波長約在 400 奈米（紫色）至 700 奈米（紅色）之間為人眼睛感覺到，即所謂的可見光譜。如表 2-1-1 所示，高於 700 奈米的光譜稱為紅外線，而低於 400 奈米者，稱為紫外線。在可見光譜範圍以內，人們可以感覺出紅、橙、黃、綠、藍及紫等不同的顏色，不同頻帶則顏色不同。

　　因物質本身具有比絕對零度還高的溫度，即表示物質內部的帶電粒子正進行熱振盪，而熱振盪的作用將產生電磁輻射，而電磁波的波長與物質的溫度有關。一個理想中可吸收任何入射其表面的輻射之物體，我們稱之為「黑體」。一個黑體受熱所放出的熱輻射，可稱之為「黑體輻射」，黑體輻射的能譜與空腔的大小，組成成份，構成形狀無關，而只與溫度有關。

表2-1-1　可見光的波長

波長（nm）	色
380～430	藍紫
430～460	藍
460～490	青
490～570	綠
570～590	黃
590～650	橙
650～760	紅

有關黑體輻射之能量密度可由下面的公式探討之：

普朗克 Planck 公式：

$$\rho\,(v) = \frac{8\pi h}{c^3} \frac{v^3}{e^{\frac{hv}{KT}-1}} \tag{2.1.1}$$

K：為波茲曼常數 $= 1.38 \times 10^{-23}$ J/°K

h：為普朗克常數 6.6×10^{-34} Jsec

c：為光速

ν：為輻射波之頻率

史帝芬 Stefan 公式：

$$I_T = \sigma T^4 \tag{2.1.2}$$

σ：為史帝芬茲曼常數 $= 0.567 \times 10^{-4} \mathrm{erg} \cdot \mathrm{cm}^{-2} \cdot \mathrm{deg}^{-4} \cdot \mathrm{sec}^{-1}$

I_T：為在溫度 T 之的輻射能量

T：為絕對溫度

光子是不帶電的微粒，它所包含的能量大小與頻率有關，其關係如下：

$$E = h\nu（焦耳） \tag{2.1.3}$$

由上式可知，頻率愈高、波長愈短的光波，其所含的能量愈高，這也就可以說明為什麼紫外線的殺傷力較紅外線為強。當溫度增高時，輻射體之顏色由暗紅而轉成藍白色。而低溫的黑體輻射之能量密度可由下面簡化的公式探討之：

$$\lambda_{max} = 2898/T \tag{2.1.4}$$

T：溫度（°K）

λ_{max}：能量密度最高值時的波長大小

因此炭火的溫度 1000°K 是紅色的，電暖爐的電阻棒 2000°K 是紅色的，而燈絲 2700°K 的顏色是黃白色的。

能量密度最高值時的波長大小為：1.61μm

$$\lambda_{max} = 2898/1800 = 1.61\mu m$$

能量密度最高值時的波長大小為：9.4μm

$$\lambda_{max} = 2898/308 = 9.4\mu m$$

自然光，也就是日光，如圖 2-1-1 所示，通常也常被我們作為量測的光源。我們可以分析日光中以黃光為最強，因此可以推算出太陽表面的溫度大約是 6000°K 左右。根據以上公式大致上與日光的頻譜相似，所不同的是日光在紫外線的成分較少罷了。從上式中，我們得知 $\rho(v)$ 的最高值時的頻率 v 大小隨溫度 T 增高而增加，亦即波長隨溫度 T 之高而減少。光的波長亦與色溫（Color Temperature，簡稱 CT）有關，所謂單色光功率密度（Monochromatic Power Density），就是指某一特定波長在特定溫度下測得每單位波長範圍內每秒每平方公分的能量。

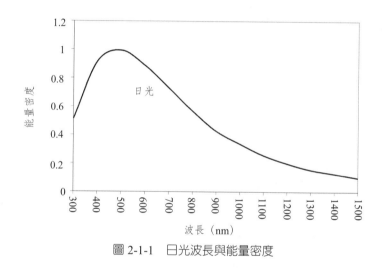

圖 2-1-1　日光波長與能量密度

運用熱輻射的原理，可知利用電能將燈絲加熱至不同的高溫，會產生不同波長的光線。由於一般白熾燈所發出之光線以不可見光居多，可見光僅居 6% ～ 8%，其餘是看不見的紅外線，因此效率並不亮，欲改善其輸出頻譜，最常見的作法為設法使燈絲的溫度增高。分述如下：

2.1.1　鎢絲燈

即一般的電燈，是最簡單而實用的燈源。小型者以真空燈泡的型式製成，大型者則充入惰性氣體如 N_2, A_r, K_r, K_e，以降低鎢絲之蒸發率。真空燈

泡之燈絲溫度在 2300K 至 2700K 之間，充氣燈泡在 2600K 至 3000K 之間。

2.1.2 鹵素燈

在鎢絲高溫蒸發時，利用做量鹵素氣體（如碘蒸氣及溴化物）來與鎢絲循環作用，而減少燈絲之蒸發量，可以延長鎢絲燈之壽命，並且也因為鎢絲溫度提高至 3000K 至 3400K，而得到較高的光效率。缺點為價格較高，但優點則在其效率高，壽命長，為鎢絲燈的三倍，光輸出穩定，並可小型化 [5-6]

其優點為：

1. 瞬間即可達到開關的作用，不須起動裝置。

2. 不怕電源頻率變動。

3. 具有高度互換性，不受環境之影響。

4. 裝卸簡單，價格便宜。

5. 具有大量紅色波長，可補其他光源之不足，這個特點在某些場合可視為優點。

紅外線為電磁波的一種。從熱輻射的原理，可知利用凡物體在不同的溫度，只要高於絕對零度（−273℃）以上時，皆放射出產生不同波長的光線，紅外線。不同的溫度造成不同的能譜，再將能量轉換成電壓經放大後，顯示在螢幕上，構成明暗不同的溫度分佈圖。

因此紅外線量測可用於鋼鐵、金屬、機械工業及國防科技中，例如：

1. 高溫的鑄造製品、鍛造品、退火及硬化等之溫度監視，或溫度之分佈顯示。

2. 細微件溫度之連續顯示。

3. 鋼熔爐的高溫爐液位之遙測。

4. 封閉物（例如：馬達、軸承）自外部之檢查。蜂巢式結構之研究。

5. 夜間景物之遙測。

6. 目標之追蹤。

目前紅外線量測於國防科技日益受到重視，因此研究進展很快。

2.2　半導體材料的內部

表2-2-1　元素週期表

1 H 氫																	2 He 氦
3 Li 鋰	4 Be 鈹											5 B 硼	6 C 碳	7 N 氮	8 O 氧	9 F 氟	10 Ne 氖
11 Na 鈉	12 Mg 鎂											13 Al 鋁	14 Si 矽	15 P 磷	16 S 硫	17 Cl 氯	18 Ar 氬
19 K 鉀	20 Ca 鈣	21 Sc 鈧	22 Ti 鈦	23 V 釩	24 Cr 鉻	25 Mn 錳	26 Fe 鐵	27 Co 鈷	28 Ni 鎳	29 Cu 銅	30 Zn 鋅	31 Ga 鎵	32 Ge 鍺	33 As 砷	34 Se 硒	35 Br 溴	36 Kr 氪
37 Rb 銣	38 Sr 鍶	39 Y 釔	40 Zr 鋯	41 Nb 鈮	42 Mo 鉬	43 Tc 鎝	44 Ru 釕	45 Rh 銠	46 Pd 鈀	47 Ag 銀	48 Cd 鎘	49 In 銦	50 Sn 錫	51 Sb 銻	52 Te 碲	53 I 碘	54 Xe 氙
55 Cs 銫	56 Ba 鋇	57 La 鑭	72 Hf 鉿	73 Ta 鉭	74 W 鎢	75 Re 錸	76 Os 鋨	77 Ir 銥	78 Pt 鉑	79 Au 金	80 Hg 汞	81 Tl 鉈	82 Pb 鉛	83 Bi 鉍	84 Po 釙	85 At 砈	86 Rn 氡

　　表 2-2-1 為化學元素週期表，在週期表中左邊第一欄的元素，例如 Li、Na、K 等元素，是在填滿的電子軌道外圍多了一個電子，該電子受原子核的束縛力較小，很容易脫離，而成為自由電子可以導電，因此稱為「一 A族」。因此，一 A 族元素可視為高導電體。由左而右可推演出「二 A 族」、「三 A 族」等元素，直到週期表中最右邊的「八族」元素則因外圍負電電子及原子核內正電質子增加，使得原子核對外圍電子的束縛力增大，其外圍有八個電子，因而成為最安定的非導體。而介於導體與非導體中間的「三、四、五族元素」，其導電性比起導體差，但是無法成為導電的自由電子如果受熱或其他因素，還是很容易具有導電性，因此可以稱為「半導體」。「四族元素」如矽和鍺，是由單一元素所形成的半導體 [7-8]，稱為「元素型半導

體」。如果想知道在某一溫度下半導體材料內部含有載子（導體中可用來傳導電流的稱為載子，可以是電子或電洞）的數目，可以從費米機率分佈方程式得知，其公式如下：

$$f(E) = \frac{1}{\exp[(E - E_f)/k_B T] + 1} \tag{2.1.5}$$

E_f 稱之為費米能階

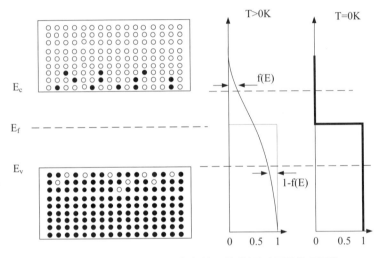

圖 2-2-1 半導體材料內部含有載子的數目（黑點為電子）

如圖 2-2-1，E_c 為材料導帶的高能階，在較高能階的才有傳導的能力，E_v 為材料價帶的低能階，在低能階的原子全被束縛著難以動彈，當絕對溫度為零時，材料內部全體原子全部都在低能階（小於費米能階）處，而當絕對溫度不為零時，材料內部原子在較高能階分佈機率才不會是 0。當原子間的電子和原子核交互作用時，電子的軌道會由單一軌道的能階變成帶狀軌道的「能帶」。能帶和能帶之間不會有電子存在，稱為「能隙」。能量較高的區域能帶稱為「導電帶」，其電子未填滿，能量較低的區域的能帶則稱為「價電帶」，其電子則為填滿的狀態。

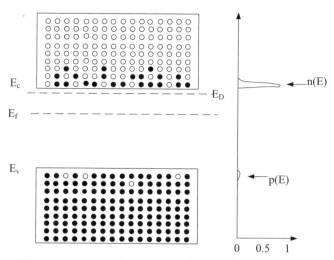

圖 2-2-2　N 型半導體由於第五族元素的加入，使得原能帶多了雜質專屬的能階 E_D（Donor level）

　　半導體「四族元素」矽和鍺的特性，是因為其每個原子各貢獻出外圍的四個電子與四週的原子，以「SP3」結構的方式結合，使每一原子外圍都像是有八個電子，因此處於安定的情況。至於典型的三族、五族化合物半導體如砷化鎵、磷化鎵等，則分別為金屬的「三族元素」和非金屬的「五族元素」，其外圍軌道的電子數分別是 3 和 5，它們也可透過「SP3」結構的方式來結合，而成為「化合物半導體」。

　　金屬材料能隙非常小，在室溫環境下價電帶的電子即可跳至導電帶而形成導電狀態。半導體材料的電阻值介於金屬與絕緣體之間，其導電性除了和絕對溫度有關外，也受到滲入到半導體內的雜質（Impurity）濃度的影響。純矽或鍺材料一般稱為純質（Intrinsic）半導體，當第五族元素加入到第四族元素如矽或鍺的晶體內時（圖 2-2-2），形成 N 型半導體，該第五族元素將有可能佔據原先矽或鍺所在的位置，而與其他矽原子構成四面體的結構，由於第五族元素有五個價電子，當其中四個價電子與其他矽或鍺原子的價電子形成共價鍵之後，第五個價電子將會進入導電帶而成了一個導電的電子，此時該第五族元素可稱之為施體（Donor）。在加入雜質之後，在導

電帶附近將多增加一個施體雜質能階 ED（Donor Impurity Level），一旦溫度升高時，該能階的電子將因為熱能而游離跳躍到導電帶。當電子獲得足夠能量時，即可由價電帶跳躍至導電帶，而任意移動傳導，形成導電狀態。

　　若在矽或鍺材料內滲入少量的第三族的元素，則稱之受子（Acceptor），就三價的原子而言，當它在矽或鍺晶體內時，為了想維持與周圍四個矽原子的鍵結，因此對其他的矽或鍺原子搶一個電子過來，導致其價電帶多了一個空洞，從而增加了電洞的數目，同樣的受體在加入雜質之後也會在價電帶的上方形成一個能階 EA，稱之為 Acceptor Impurity Level，其能階之位置僅高於價電帶一些，形成 P 型半導體（圖 2-2-3）。

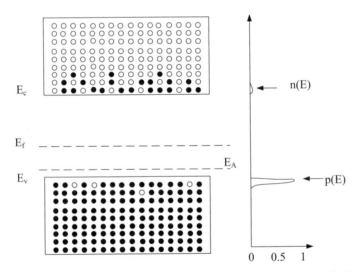

圖 2-2-3　P 型半導體由於三價的原子的加入，使得原能帶多了雜質專屬的能階 E_A（acceptor level）

　　P-N 界面接合區（Junction）二極體則基於上述 P 型和 N 型半導體的物理性質，大部分的施體或受體雜質在室溫時均已呈現游離狀態，所以 P 型半導體內的電子濃度大約與施體雜質濃度相等，而 P 型半導體內的電洞濃度也與受體雜質濃度大約相等。將 P 型半導體及 N 型半導體放在一起，P 型區的載子（電洞）必然向 N 型區擴散，同時 N 型區的載子（電子）也必然向

P 型區擴散。結果在界面的左右兩側由於電洞和電子的離去，而形成一空乏區（Depletion Region）。空乏區內因為電洞和電子的離去，而分別留下帶負電的游離受體和帶正電的游離施體，而在區內建立一由 N 型區指向 P 型區的電場。空乏區的電場在熱平衡狀態下正好完全抵消電洞與電子再繼續擴散的趨勢。P-N 接面的能階熱平衡狀態下費米能階維持固定（圖 2-2-4）。

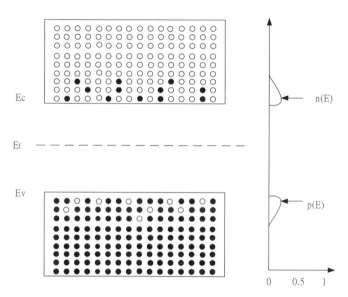

圖 2-2-4　P-N 接面的能階熱平衡狀態下費米能階維持固定

　　假設有一順向偏壓加在 P-N 接面（正壓端加於 P 型端，負壓端加於 N 型端），此時對電子而言，P 型端的各能階往下移，而 N 型端的各能階往上移，使 P-N 兩端的能階差距縮小，N 型區的電子因此可以越過能障進入 P 型區，而 P 型區的電洞也得以進入 N 型區，而得到很大的順向電流。反之，假設將偏壓的負壓端加於 P 型端，而正壓端加於 N 型端，則 P-N 兩端間的能階差距會因而擴大，使得由 N 型區經過接面進入 P 型區的反向電流會很小，而且即使反向偏壓增的很大，反向電流也會趨近於一飽和值，無法隨之增加。

　　對化合物半導體而言，依照三族總原子數：五族總原子數＝１：１之原

則，任意取兩種以上的三族元素和五族元素來結合，如銦 x 鎵 1-x 氮、鋁 x 鎵 1-x 砷、鎵砷 x 磷 1-x、銦 x 鎵 1-x 砷 y 磷 1-y、鋁 x 鎵 1-x 氮等，可化合成複雜的化合物半導體。

　　化合物半導體的發光現象是由於導電帶的電子與價電帶的電洞復合後，將能量以光的形式釋放出來。因此所發光的波長多少，究竟發出甚麼顏色的光，完全看可發光的電子轉移過程中能量變化多少而定；也就是發光波長與能隙有密切的關係。能隙與發光波長之關係，當釋放能量全部轉換為光子能量時，換算公式為波長（微米）= 1.24 ／能隙（電子伏特），其數學表示式如下：

$$h\nu = \Delta E = E_i - E_f \qquad\qquad （2.1.6）$$

$$\lambda\nu = C \qquad\qquad （2.1.7）$$

式中

λ：波長

v：頻率

C：光速

h：蒲郎克常數

E_i：中代表復合前的電子能階

E_f：代表復合時的電子能階

化簡後得到 $\lambda = 1.24/ \Delta E(eV)$

2.3　半導體之製程與微影技術

　　半導體之製程概略可分成兩段的製造程序，前段稱為晶圓製造；後段稱為封裝製程 [4]。半導體結構如微感測器、微致動器與一般積體電路等半導體元件相同，其關鍵性製程均需於乾淨無塵的環境內施行，此外維持恆定溫、濕度也很必要；因此無塵室（Clean Room）之規畫是以能達到正確的微結

構製造為主要原則，無塵室之乾淨度等級規畫例如 class 100，其意指直徑≧ 0.5m 之粒子數目小於 100 Particles/ft^3。封裝製程又可細分成晶圓切割、黏晶、銲線、封膠、印字、剪切成型等加工步驟。

在晶圓製造方面，半導體製程所使用的晶片，其製作過程如下 [2]：

① 長晶（Crystal Growth）

② 切片（Slicing）

③ 邊緣研磨（Edge－Grinding）

④ 研磨（Lapping）與蝕刻（Etching）

⑤ 退火（Annealing）

⑥ 拋光（Polishing）

⑦ 洗淨（Cleaning）

⑧ 檢驗（Inspection）

2.3.1 IC製造流程

而在前段製造程序中，半導體元件圖案結構的製作（圖 2-3-1），通常利用高能雷射光或電子束的方式直接寫入圖案，或利用光罩將圖案曝光記錄在感光層上，再透過顯影來完成，為使圖案轉移有更好的精確度與可靠度，基本上可以分為下列幾個步驟，其過程如下：

1. 基材表面清洗：由於晶片基材表面通常都含雜質，因此必須先將它利用

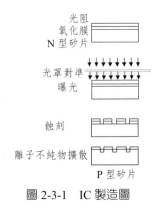

圖 2-3-1　IC 製造圖

甲醇或丙酮去除雜質，再以氫氟酸蝕刻基材表面的氧化物，經純水沖洗後，置於 100 ～ 200°C 的環境下去水烘烤（Dehydration Bake）數分鐘。

2. **將基材塗上感光劑**：將基材置於旋轉之夾具內旋轉，將感光劑滴在基材表面，利用兩階段旋轉，第一階段先使感光劑往晶片外圍移動，第二階段控制感光層的厚度，透過旋轉離心力作用，以使基材上之感光劑膜（通常為光阻）均勻分佈；另外的作法是將感光劑以氣相的型式均勻地噴灑在基材的表面。光阻塗佈機如圖 2-3-2 所示。

圖 2-3-2　光阻劑塗佈旋轉機

3. **曝光前預烤（Pre-Exposure Bake）**：或稱軟烤（Soft Bake），將感光膜中的溶劑去除，使感光膜對基材表面的附著力增強。

4. **曝光**：利用紫外光透過光罩圖案照射感光膜，以成像於此感光膜上，進行圖案之轉移。常見的曝光機如圖 2-3-3 所示，主要包含四個部分：氮氣系統、曝光燈源控制、真空源及曝光機主體。曝光的操作流程是先開機，選擇曝光模式並調整曝光參數，例如曝光時間、光罩與晶圓或基板的間距等。再將光罩及晶圓或基板放置於曝光機中，最後是按下曝光鈕以進行曝光的動作。曝光完後，依序將光罩及曝光好的晶圓或基板取出，並將曝光機關閉。

圖 2-3-3 雙面光罩校準曝光儀

5. **顯影**：將基材浸泡或於表面噴灑顯影劑，將曝光後的所轉移的圖案顯現出來。

6. **硬烤**：將基材表面及感光膜內所殘餘的溶劑加熱蒸發，加強顯影後感光膜的附著力。

7. **氧化（Oxidation）**：利用高溫爐在晶片基材表面形成一層氧化層，以保護晶片基材表面免於受到化學作用，同時氧化層亦可做為介電層（絕緣）。

8. **擴散（Diffusion）**：在高溫爐中，藉由晶片基材與雜質材料的相鄰放置，並通過輔助氣體，使基材或各層材料的鍵結型態和能隙產生變化，並由於外來的雜質而改變基材或各層材料之導電性。

9. **蝕刻（Etching）**：分為濕式蝕刻（Wet Etching）與乾式蝕刻（Dry Etching）兩種，前者將晶片浸沒於化學溶液中，將表面材料移除，後者則是以電漿離子打在晶片表面來達到移除各層材料的目的。

10. **金屬鍍膜與連線**：利用蒸鍍、濺鍍或化學層沈積的方法，在晶片基材上形成薄金屬膜，並利用顯影、蝕刻方式獲得所需之圖案，而構成半導體元件間的電性連接，並在晶片表面金屬端製作大面積的銲墊（Bonding Pad），以提供線銲（Wire Bond）端點之用，我們可使用微探針儀進行晶片電性連接檢測。

　　而微影（Photolithography）可以說是整個製程當中，最舉足輕重的關鍵。隨著光電元件及半導體產品技術的演變，微影技術提高解析度的需求也需不斷地提升，想把平均成本降低而性能增加，就必須讓積體電路元件（IC）的密度越高，而微影製作的尺寸也就不得不越變越微小，因此科學家無不絞盡腦汁要將微影的線寬縮小，以便在晶片上放入更多積體電路元件。光學微影技術解析度的基本限制由知名的 Rayleigh 公式得知：

$$解析度 R_{min} = k_1 \lambda / NA \qquad\qquad （2.3.1）$$

　　上式中 R_{min} 為最小線寬，λ 為曝光波長，NA 為投影鏡頭的數值孔徑。由上式可知，微影技術所能製作的最小線寬與曝光的波長成正比，因此想要得到更小的線寬，就必須使用波長更短的光源。

光學微影常使用的光波長有：

1. G-line 範圍：光波長 436nm

2. I-line 範圍：光波長 365nm

3. 深紫外光（DUV）範圍：光波長如 KrF 光源的 248nm、ArF 光源的 193nm

4. 超短紫外光（EUV）範圍：光波長如 F_2 光源的 157nm、Ar_2 光源的 126nm

　　曝光波長越向下推進，就越出現瓶頸。想要得到更小的線寬，除了曝光波長的因素外，當然減小比例常數 k_1 與增加投影鏡頭的數值孔徑 NA 也是可行的作法，k_1 是與製程照明條件及選用的光阻材料有關之比例常數，代表曝出特殊圖形困難度的參考值，k_1 大於 0.8 時製程還算相當容易，k_1 值小於 0.5 時，則必須採相位轉移光罩和偏軸式照明方法結合光學近接效應校正方法，整個曝光設備的成本也因而大幅增加。光學微影還要考慮到聚焦景深（Depth of Focus，DOF）的問題。

$$DOF = k_2 \lambda / (NA)^2 \qquad\qquad （2.3.2）$$

上式中 DOF 為聚焦景深，代表著曝光成像的光束在匯聚後走了多少距離才會散開。k_2 為比例常數，與製程條件有關。投影鏡頭的數值孔徑 NA 加大時，雖然可以得到更小的線寬，但曝光成像的光束在匯聚後便在很短的距離內散得很開，卻將使蝕刻曝光聚焦的景深變小，不利於蝕刻一些較為深長的微細圖案。可採較大之 k_2 比例常數，如離軸式照明及選用的光阻材料，以增加它的聚焦景深。

參考書目

1. 林宸生，「光電精密量測」，全欣資訊書局，民國 82 年。

2. 林宸生等，「資電概論」，全華書局，民國 92 年 8 月。

3. 陳德請、林宸生，「近代光電工程導論」，全華書局，民國 88 年 12 月。

4. 林宸生，「資電科技與人文」，滄海書局，民國 94 年 4 月。

5. 林宸生等，「光機電系統整合概論」，國家實驗研究院儀器科技研究中心，民國 94 年 8 月。

6. 章明、姚宏宗、鄭正元、林宸生，「逆向工程技術與系統」，全華書局，民國 94 年 12 月。

7. 胡錦標、林宸生、謝宏榮等，「精密光電技術」，高立書局，民國 79 年 12 月。

8. 林宸生、徐碧生，「精密量具與機件檢驗實習」，高立書局，民國 80 年 1 月。

9. Bahaa E.A. Saleh , Malvin Carl Teich, 'Fundamentals of Photonics', A Wiley-Interscience Publication, 1991.

第三章

光電半導體元件種類

作者　林宸生

3.1　發光二極體

　　利用週期表中的Ⅲ／Ⅴ族，例如砷化鎵等化合物可製成發光二極體
（Light-Emitting Diode，簡稱 LED），當電流通過 P-N 界面時，將因化合物
的不同而發出各種可見光及不可見光，其外型及發光的方向性因用途而有相
當大的差異（圖 3-1-1），在量測上很容易與各種感測器配合而得到很廣泛的
用途。

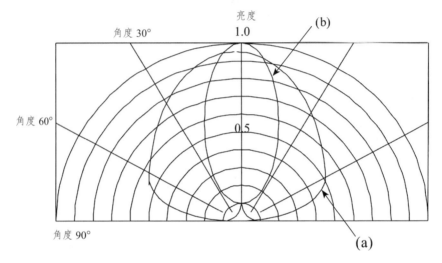

圖 3-1-1　發光二極體之光亮度方向性

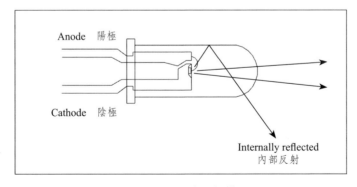

圖 3-1-2　發光二極體

發光二極體受順向電壓時發出光線，在 P-N 接面結構內，受到順向偏壓工作時，都會發生自由電子與電洞結合的作用，而當自由電子與電洞結合時，自由電子所具有的能量就會被轉換成另一種形式，在有些半導體的 P-N 接面中 [1-2]，這個能量一部份轉換成熱，而另一部份則以光子的形式釋放出來。在半導體材料如矽和鍺中，電子與電洞結合時釋放的能量幾乎都轉換為熱，而轉換為光的成份極小，至於像磷砷化鎵（GaAsP）或磷化鎵（GaP）等半導體材料，則大部份釋放的能量都轉換為光。自由電子與電洞的結合是由於順向偏壓的作用，隨著順向電流增加，釋放發光的強度也因而增大，其關係幾乎是直線性，決定 LED 的順向工作電流，就可以控制 LED 發光的強度。陽極金屬必須要小，做成金屬線狀，如圖 3-1-2，才能釋放較多的光子。發光二極體元件為三明治層狀結構，主要基本構造包含了發光層、以鋁、鎂、銀合金等材質構成的金屬陰極（cathode），以及注入電洞具有導電性質的陽極（anode），一般的基板（substrate）為附有透明無色氧化銦錫（ITO）的玻璃，如圖 3-1-3 所示。

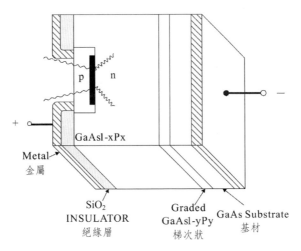

圖 3-1-3　發光二極體元件的三明治層狀結構

LED 所輻射的光波長是由半導體材料的能隙來決定，不同半導體材料

的 LED 發出不同的光波長，如表 3-1-1，常見的紅外線發光二極體（Infrared-Emitting Diode），是以砷化鎵（GaAs）半導體材料構成的，在許多資訊系統如卡片和紙帶閱讀、軸編碼器（Shaft Encoder）、及光電開關或警報系統等裝置應用的非常多。白光 LED 具有省電、壽命長、無污染的優點，因此成為 21 世紀的新一代光源，有三種方式製作白光 LED，一是將藍光 LED 與螢光粉予以混合在一起，一是將紫外光 LED 與螢光粉混合在一起，或是將藍光 LED、綠光 LED、紅光 LED 三者包裝在一起，隨著亮度提升、技術演進、量產良率的提高，高亮度白光 LED 正一步步踏入商機龐大的燈光照明市場 [3]。

表3-1-1　目前常見的 LED 使用之材料及其波長

材　料		顏色	波長 （nm）
發光層	基板		
GaP(Zn，0)	GaP	紅	700
$Ga_{0.65}Al_{0.35}As$	GaAs	紅	660
$GaAs_{0.6}P_{0.4}$	GaAs	紅	655
$GaAs_{0.35}P_{0.65}(N)$	GaP	紅橙	630
$GaAs_{0.25}P_{0.75}(N)$	GaP	橙	610
$GaAs_{0.15}P_{0.85}(N)$	GaP	黃	590
GaP(N)	GaP	黃綠	565
GaP	GaP	綠	555
GaN	Al_2O_3	藍	490
SiC	SiC	藍	480

通信用的發光二極體的鏡片一般作為聚焦的用途，可以使上下左右方向的視角變成適當的入射角，內部安排成具有拋物線的反光裝置，但兩側鏡壁之反射光，常會造成兩側光場形成無效的圓形突出部分。

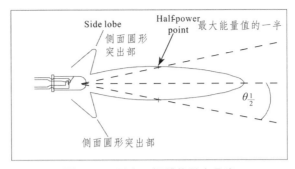

圖 3-1-4　發光二極體的發光角度

　　發光二極體的光場如橢圓形狀，其發光角度，如圖 3-1-4，是根據光場中一半最大能量值所有個點形成的封包線，再找出對封包線中最長之剖線，再由中心點對封包線中最長之剖線端點作連線，由此求出其發光角度，半導體雷射亦援用此定義，有所謂「一半最大能量值之全寬」Full Width at Half Maximum（FWHM）來定義半導體雷射之光束直徑，FWHM 是雷射光束中，二分之一最高亮度處至最高亮度處距離的兩倍，因此要求得 FWHM 必須先找出整個雷射光束中最亮的位置，然後往右掃描，直到找到二分之一亮度處並記錄此處的位置，使用相同的方法往左掃描，並記錄此處的位置，將此兩位置相減，再計算出水平向的 FWHM。同樣的的方法往上下掃描，亦可找到垂直向的 FWHM。

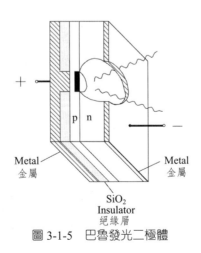

圖 3-1-5　巴魯發光二極體

如圖 3-1-5，巴魯發光二極體（Burrus-type LED）則利用蝕刻井（etched well）將光匯聚在介面區域，非常適於與光纖耦合。通信用的發光二極體（LED）的響應（圖 3-1-6）可靠性要高，同時光耦合進入纖維的比率要大。半導體雷射其送進光纖的光功率和調變速度較大，所以適用於高速傳送。

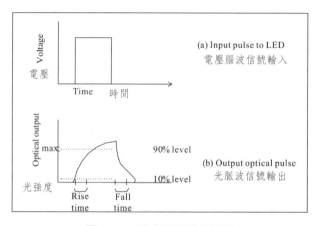

圖 3-1-6　發光二極體的響應

3.2　半導體雷射

GaAs 半導體雷射（或稱為雷射二極體（LD），Laser Diode）於 1962 年間問世，它剛一出現，便立即引起世界各國的重視，研發進展極為迅速。在發展的當初，注入式雷射二極體（Injection Laser Diode）與其他雷射系統相比，不但功率低，而且工作溫度也低，因此限制了注入式雷射二極體的發展。但是後來發展出異接面（Hetrojunction）雷射二極體，能於室溫工作，異接面通過電流使半導體內部激發電子－雷洞對，而自發出的光子，再藉著兩個界面反射，可再激發電子－雷洞對，因而很容易即可於再接合區得到高載子密度和高光通，其臨界電流密度（Threshold Current Density）由原先 30 安培 / 瓦特降至 1.5 安培 1 瓦特，因而近十年來更為蓬勃發展起來。半導

體雷射其體積小、操作容易、效率高、穩定度大以及能受調變之頻率快，優點甚多，半導體雷射的能量轉換可達 50%，非常適用於通信設備和工業控制，目前已普遍應用於雷射碟影機、光纖通訊及數值控制之機械母機上，並且它在國防建設，工商產業及科學實驗等各方面都有極為廣泛的應用[4-6]。

　　1917 年愛因斯坦提出物質與輻射的作用有三個基本的過程，對一個光子與半導體內電子的交互作用情形，可分為吸收（Absorption）（圖 3-2-1）、自發放射（Spontaneous Emission）及受激放射（Stimulated Emission）三種。發光二極體的工作原理為自發放射，而半導體雷射則是受激放射。如果給一個原子能量 ΔE，這個能量若高過能隙能量 E_g，使其電子從低能量躍至高能階（圖 3-2-2），則該原子回復原來狀態時，而以光的型式得到的能量釋放出去，稱為受激放射（圖 3-2-3）。

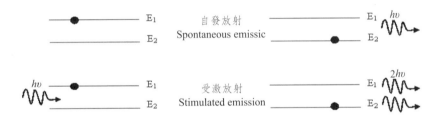

圖 3-2-1　自發放射與受激放射

　　如果高能階中的原子居量比低能階中的原子居量高的話，便稱為居量反轉（Population Reversion），這便是活性介質會發生雷射光的首要條件，由公式 $\Delta E = E_2 - E_1 = h\upsilon$

　　h：為常數

　　υ：為頻率

　　可知 ΔE 越大，頻率越高，但頻率 υ 越高時，此時越不容易形成居量反轉，因為此時原子在躍遷到較高能階時停留的生命期（Transition Life）就越短，在高能階中的原子居量很難比低能階中的原子居量多，這就是為什麼藍光半導體雷射比紅光半導體雷射難作出來的原因。

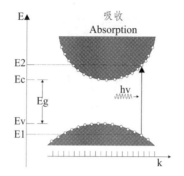

圖 3-2-2　電子從低能量躍至高能階

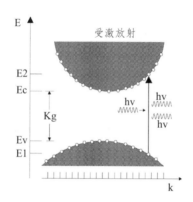

圖 3-2-3　原子回復原來狀態時，而以光的型式得到的能量釋放出去

　　半導體雷射以順向電壓注入載子，其 P-N 接合面能使發射的光子聚合集中在一起。目前雷射二集體廣泛採用 Fabry-perot 構造，具有主動層 1 和 w 的雷射二極體，兩個上下平行面與 P-N 接面垂直方向切開後磨光，前面及後面則保持粗糙，左右面則有金屬的歐姆接觸以便加壓注入電流，磨光表面有鏡子作用以形成回饋光增益，粗糙的兩面無法射出光線，如果雷射光只要單方向發光，則在處理反射面時，適當調整反射面的反射係數，只使一面較容易被光透過即可（圖 3-2-4）。

　　唯因半導體雷射的光腔高度比波長還小，在共振腔中產生繞射的情形非常明顯，因此它的擴束角相當大，也就是說，大到一般可視作點光源來處理，亦即在半導體雷射前加一個光學透鏡，使其又成為平行光束。但是半導

體水平和垂直兩方向的擴束角是不相等的，亦即它的光點是呈現著橢圓的形狀，因此尋常的一個透鏡並無法使其能夠產生一個正圓的平行光束，唯有藉助或全像光學元件，才能得到一個近似正圓的平行光束，由於半導體雷射指向性不如 He-Ne 雷射，因此精密度稍遜。

　　但因半導體雷射的能量不大，所以目前正朝向高能量發展，例如用平板形狀產生波導效應，或用面射型（Surface Emitted）半導體雷射則能量可更大。

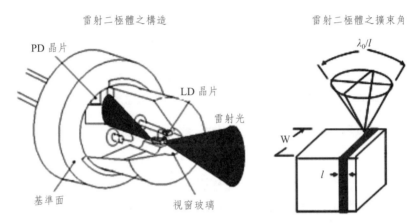

雷射二極體之構造

雷射二極體之擴束角

圖 3-2-4　雷射二極體的構造及其擴束角

3.3　受光元件

　　受光元件可分為三類，第一類是受到光源強弱變化其元件內電阻也隨之變化的，例如 CdS 等光敏電阻即是。第二類是光源強弱變化其元件內電流的大小也隨之變化的，例如光二極體、光電晶體即是。第三類是以光源來控制元件的電動勢者，例如太陽電池。

　　一般的材料如果想用在光檢測上必須用極高頻率、高能量的電磁波（例如 X 射線）入射，否則無法使它們的電子自原子中脫離，只有半導體材料能夠用可見光或紅外光達到光檢測的目的。半導體光檢測器最常見的是

二極體光檢測器，其特性如下 [7-8]：

①有極佳的線性區域。

②雜訊低，通常的其他感測器在室溫雜訊很高。

③機械性質方面：有堅固的優點。

④體機輕。

⑤壽命長。

3.3.1　以下介紹幾種常見的受光元件

1. P-N型光敏電阻（Photo-resistor）

　　或稱為光導電體（Photoconductor），在 P-N 界面有光進入時，即有載子，而產生電流，其受光面積較大者，靈敏度較高。光敏電阻的電阻大小隨著入射光的強度成反比，其材料包括硫化鎘（Cadmium Sulfide，CdS）和硒化鎘（Cadmium Selenide，CdSe）由於構成的材料不同，其能隙亦不相同，而其光譜響應介於 4000nm ～ 1000nm 之間。當光照射於光敏電阻上時，半導體材料中的電子吸收了光的能量，在高能階上的電子有了足夠的能量跳離至游離階而形成自由電子，其中的共價電子受光能量激發而產生電子－電洞對，當光線越強時，所產生之電子－電洞對越多，成為可以傳導電流的載子，而使其導電性增加，相對的電阻因而降低了。光敏電阻的內阻隨光照強度的變化相當大，而且曲線變化亦趨近於直線，具有對光量高靈敏度、價格低廉的特性，但響應速度慢，對瞬間光量的變化無法即時反應，這是光敏電阻最大的缺點。

2. PIN光二極體

　　光二極體也是 P-N 接合的半導體元件，必須外加順向偏壓才能夠工作，其典型電流值以 μA 為單位。PIN 光二極體是光通訊系統中最常被使用的檢光器，PIN 在光入射在 P 領域時，將產生電子及電洞而會各向正負極流動，

而產生電流，雖無電流倍增的作用，但雜訊很小，是其特徵。PIN 檢光二極體的中間 i 層（Intrinsic Layer）為空乏區，其厚度經適當設計安排可獲得很好的量子效率及響應速率，這也是 PIN 光二極體的最大優點，為增加電流，因此加大空乏區使電子得以自由移動，而能導通電流。光二極體具有交換速度快的優點，可以在幾個奈秒（ns）內改變電流的導通與截止，因此光二極體從事於高速光偵測，而被用在對光轉換速度較快的各類應用中。鍺質光二極體亦能工作於紅外線範圍，其工作的光譜比矽質光二極體為廣。

3. APD累增崩潰檢光二極體

所謂 APD 即為累增崩潰（雪崩）型檢光二極體（Avalanche Photo Diode）之簡稱。當吸收光時 P-N 接合處有一逆電流，故 P 領域或空乏層之 P 領域中所形成的粒子會因電場的影響而被拉向電極的方向，而產生電流，此時若加大逆向外加電流，由於吸收光子所產生的載子產生累增，載子在強電場中前進可得到較高的動能，這些動能若高過能隙能量 E_g，就可產生更多的電子－電洞對，如此電子電洞對就如同雪崩般愈來愈多，將產生倒逆效果（Avalanche Effect）而使光電流加倍，加強輸出訊號。由於裡面需要有很強的電場，須加高壓數十伏至數百伏是其缺點，但可使電子繼續撞擊其他電子，因而其對光的靈敏度增加很大。

累增崩潰檢光二極體的優點如下：

①電流信號大

②對光的靈敏度很大

③使用非常簡單

④壽命長

相對的，累增崩潰檢光二極體的缺點如下：

①製造不易，構造複雜，單價高

②雪崩效應是隨機過程，因此雜訊大

③本質層電流因雪崩效應其響應較慢

④容易受溫度影響

⑤需加較大偏壓，且需要很強的電場

4.光電池

　　利用太陽光當作能源之太陽電池（Solar Cell）[9]，因具有乾淨、無污染、無公害等優點，光電池是利用半導體的光伏打效應（Photovottaic Effect）做成的一種光電元件，其所用的材料有矽和硒兩種，將一薄層 N 型半導體擴散到 P 型的基材上，半導體上面有一層受光面，P-N 兩層以電阻性接觸（Ohmic Contact）連接引線出來。當 P-N 接面上沒有光入射時，光電池行為與一般二極體類似，但當光入射在 P-N 接面上時，在接面附近引起電位能，即產生了光伏作用（Photo Voltaic Action），而在 PN 界面有電壓降的存在。太陽電池的光譜特性取決於所用的材料，材料不同，光譜峰值也不同。矽太陽電池頻譜響應偏於紅外線，介於 350nm ～ 1150nm，峰值在 850nm 附近，而硒太陽電池頻譜響應涵蓋紫外線與可見光，介於 250nm ～ 750nm 之間，峰值在 540nm 附近，非常適於照相機之自動曝光裝置及光控制電路，在可見光譜範圍內有較高的靈敏度。

　　太陽能可以說是一種取之不盡、用之不竭的天然能源，由於環保意識的高漲，近年來各國爭相發展太陽能電池，希望可以借此降低對石油能源的依賴。太陽能電池是一種能量轉換的光電元件，經由太陽光照射後，把光的能量轉換成電能，或稱之為光伏電池（Photo voltaic, 簡稱 PV）[10]。目前太陽能電池成本比許多其他的綠色再生能源高，無法以合理成本來提供大量需求，但隨著半導體產業技術的進步，降低了太陽能電池生產成本，配合太陽能電池的效率逐年提升，而使得發電的單位成本日漸下降，相信太陽能電池未來有很大的發展潛力，可以在能源的運用上扮演非常重要的角色。太陽能電池依照材料的不同，可以區分為單晶矽、多晶矽及非晶矽等三種。在單晶矽的材料中，矽原子具有高度的週期性排列，其係利用柴氏長晶法，把高純度（純度為 99.999999999%，11 個 9）的多晶矽熔融後，再把晶種（seed）

插入矽熔融液中，利用適當的速率（每分鐘轉 2 ～ 20 圈）旋轉並以每分鐘 0.3 ～ 10 毫米（mm）的速度緩慢地往上拉引，做成一直徑 4 ～ 8 吋單晶矽晶柱（ingot），然後再將晶柱予以切割，而得到單晶矽晶圓，其光電轉換效率最高，使用年限也比較長。至於多晶矽材料，則是由許多大小不同的單晶所構成，其原子排列結構沒有週期性，通常以熔融的矽經過鑄造固化製成（圖 3-3-1）[11]，因其製程簡單，所以成本較低，因此由多晶矽所製作出的太陽能電池產量，已經逐漸超越單晶矽的太陽電池。而非晶矽主要的材料有：GaAs、GaInP、InGaAs、CdTe、$CuInSe_2$(CIS)、$CuInGaSe_2$(CIGS) 等，這些材料所製作出的太陽能電池效率都很高，但是因為製程的成本較高，所以只有少數特殊的應用。薄膜太陽能電池一般是用電漿式化學氣相沈積法，在基板上生成非晶矽的薄膜，其生產成本可較前者為小，但光電轉換效率尚待改進，因此可以視為明日之星。

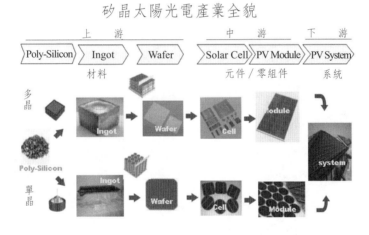

圖 3-3-1　太陽能電池生產過程

5. 光電晶體

光電晶體（Photo-Transistor）結合光二極體和電晶體放大能力，是利用光照強度來控制電晶體集極電流的高靈敏光感測元件，由於本身有放大作

用,故靈敏度較高。光電晶體有 PNP 型與 NPN 型二種,其集極與射極間的工作電壓極性和一般電晶體相同。當光電晶體不受光時,只產生集極電流,也就是一般所謂的漏電流。當光電晶體受有光照時,集基接面的空乏區內因光而產生許多載子,由入射光照的強度來控制集極電流。入射光照愈強,則集極電流就愈大。一般光電晶體的最大感度波長約在 800nm 左右,對於一般發光二極體和鎢絲燈泡所發的光均有極佳的轉換效率,表 3-3-1 為光二極體與光電晶體特性之比較。

表3-3-1 光二極體和光電晶體之比較

型 式	輸出電流範圍	轉換時間範圍	截止頻率
光二極體	微安(μA)	奈秒(ns)	1MHz
光電晶體	毫安(mA)	微秒(μs)	100kHz
達靈頓型	100 mA以上	100μs	5kHz

光檢測器必須在其限定範圍內工作,例如光纖光檢測器考慮及光纖之衰減,響應的區域在 1.55μm 最好,1.3μm 濺散最小,不會失真。對於二極體光檢測器其材料響應的特性為:

矽: 響應的區域在 0.3-1.0μm,尤其是 0.9μm 近紅外光附近效果好,但特性是超過 0.9μm 響應就下降得很快。

鍺: 響應的區域在 0.5-1.8μm,在 1.5μm 效果好,且響應的區域較寬適合光纖感測。

InGaAs: 不普遍,價錢昂貴,但響應效果比 G_e 好,響應的區域在 1.0-1.7μm 左右,尤以 1.7μm 響應最好。

3.4 訊號雜訊

幾乎在任何量測的領域中,我們往往希望即使是微弱的信號也能夠偵測出來,但事實上信號的可偵測度是有其極限的,最主要的便是來自雜訊(NOISE)的干擾,凡是不需要的信號都可稱之為雜訊。訊號雜訊比

（Signal-to-Noise Ratio 簡稱為 S/N 比）即用來表示信訊號與雜訊之間的比例關係：

$$\text{Signal-to-Noise Ratio}=10\text{LOG}\left(\frac{P_s}{P_n}\right)=20\text{LOG}\left(\frac{V_s}{V_n}\right) \qquad (3.4.1)$$

P_s：為訊號之能量值

P_n：為雜訊之能量值

V_s：為訊號之電壓值

V_n：為雜訊之電壓值

在光的偵測方面，有所謂的輻射檢測（Radiometry）與光度檢測（Photometry）兩種區別。通常其誤差的來源為成像系統的像差，而輻射檢測之誤差來源主要為光電元件的雜訊。在此我們討論光電元件的雜訊問題。如果雜訊是分佈在廣大的頻譜上的，則稱為 White Noise，就好像太陽光一樣，什麼頻譜都有。若雜訊僅限於某一頻度，則稱為 Pink Noise。在光電裝置本身所產生的雜訊中，最主要分為熱雜訊（Thermal Noise），散粒雜訊（Shot Noise）及接觸雜訊（Contact Noise）。

1. 熱雜訊：

熱雜訊是由 J.B.Johnson 所發現的，因此又常稱為 Johnson Noise，一般可由如下公式表示：

$$e_n^2 = 4\text{KTR(f)}\Delta f \qquad (3.4.2)$$

其中 e_n^2 為熱雜訊所產生電壓降之平均平方值。

K：為波茲曼常數 $= 1.38\times10^{-23}\text{J/}^{\circ}\text{K}$

T：為絕對溫度

f：為響應的頻率

R(f)：為光電元件之阻抗值一般為頻率之函數

Δf：為頻帶寬

設 R(f) 為定值，令 R(f) = R，Δf = B，則上式之雜訊可由一個等效電路來代表，其中電壓源為 e_n^2 = 4KTRB，或電流源為

$$i_n^2 = \frac{4KTB}{R} \qquad \text{R: Shunt Resistance} \qquad （3.4.3）$$

2. 散粒雜訊：

散粒雜訊通常存在於真空管中或半導體內，當電壓超過一定的臨界值而電流流出呈現散亂的形狀，此一現象由 Shottky 解釋為散彈的效果（Shot Effect）。散粒雜訊可表示為

$$2qI_{dc}BR^2 = V_n^2 \qquad （3.4.4）$$

其中 q 為電子的電荷量 1.6×10^{-19} 庫倫

I_{dc}：流過的平均電流，或

$i_{sh} = (2eIpB)^{1/2}$

$Ip = (Po\, \eta\, e)/(h\upsilon)$

3. 接觸雜訊：

接觸雜訊是指光電元件由不完全接觸而產生電阻之變化量，在一些主動元件中也常稱為閃爍雜訊（Flicker Noise）。此雜訊之電功率密度常與頻率成反比率，即

$$\text{Noise Power Density} \propto \frac{1}{f^{\alpha}} \qquad （3.4.5）$$

其中 α 通常等於 1。

4. 暗雜訊：

沒有入射輻射之下檢知器，仍然有輸出電信號（暗電流），稱之暗雜訊（Dark Noise）。暗雜訊可表示為：

$$i_n = (2e\ I_d\ B)^{1/2} \qquad (3.4.6)$$

其中 e 為電子的電荷量 1.6×10^{-19} 庫倫。

I_d 為流過檢知器的暗電流

3.5 複合元件

複合元件如光耦合器、光斷續器等皆是，由發光二極體當作光源，而由光敏電阻、光二極體或光電晶體組合電晶體形成接收部份，即可構成所謂的複合元件，廣泛地應用於工業電子領域。

光耦合器（Photo Coupler）就像是一種光電開關裝置，以光學來耦合發光部份與受光部份，藉此得到電絕緣的效果，依光路情況光耦合器又可稱為光隔離器（Photo Isolator），其發光部份與受光部份完全密封於同一容器中，以管狀型和對偶型（DIP 型）包裝較多，其訊號傳送只有一個方向，優點是構造簡單、反應速度快、可靠性高、壽命長。

光斷續器（Photo Interrupter），其發光部份與受光部份暴露在外面，其輸入與輸出側不必顧慮電的問題，具有電絕緣的效果，使得電路安排得以簡化。

光耦合器和光斷續器其優缺點有下列幾項：

①壽命長

②輸入和輸出之間呈電絕緣。

③輸出信號並不影響輸入信號，信號傳遞為單一的方向。

④易和邏輯電路相配合。

⑤重量輕、體積小、耐撞擊。

⑥頻率特性較慢。

⑦大電力之控制的場合較不適用。

參考書目

1. 林宸生，「光電精密量測」，全欣資訊書局，民國 82 年。

2. 林宸生等，「資電概論」，全華書局，民國 92 年 8 月。

3. 陳德請、林宸生，「近代光電工程導論」，全華書局，民國 88 年 12 月。

4. 林宸生，「資電科技與人文」，滄海書局，民國 94 年 4 月。

5. 林宸生等，「光機電系統整合概論」，國家實驗研究院儀器科技研究中心，民國 94 年 8 月。

6. 章明、姚宏宗、鄭正元、林宸生，「逆向工程技術與系統」，全華書局，民國 94 年 12 月。

7. 胡錦標、林宸生、謝宏榮等，「精密光電技術」，高立書局，民國 79 年 12 月。

8. 林宸生、徐碧生，「精密量具與機件檢驗實習」，高立書局，民國 80 年 1 月。

9. Bahaa E.A. Saleh , Malvin Carl Teich, "Fundamentals of Photonics", A Wiley-Interscience Publication, 1991.

10. 楊素華、蔡泰成，「太陽光能發電元件太陽能電池」，科學發展，第 390 期，第 50-55 頁，2005 年 6 月。

11. 陳錫杰，「太陽能矽晶電池片製程之自動檢測需求」，AOI 產業設備產學交流研討會，逢甲大學，2009 年 9 月。

第四章

位置編碼器

作者　張文陽

4.1　位置檢測原理

位置（Position）是表示物體相對於參考點的一種實際物理量，通常為純量且位置的移動量具有方向性。常見位置檢測形式有直線式與角位移二種，直線式位置檢測為直線的動作方式，即被檢測物體相對於參考點是直線的位移變化，以檢測物體直線運動時的位置變化量。角位移位置檢測為旋轉的動作方式，即被檢測物體相對於參考點是角度變化，此可檢測物體做圓周運動時的角度變化。

直線式與角位移之位置轉換器通常使用電位計（Potentiometer），電位計是利用精密可變電阻元件，將物理性之位置變化轉換成直線式或角位移的一種位置感測器，此電位計輸出端的電壓與位移之關係為線性。一般電位計是以滑動器或旋轉器搭配一個可變電阻，組合成直線式或角位移之位置轉換器，直線式位置轉換器的可變電阻是由直線滑動器所構成，如圖 4-1-1(a) 所示，其利用分壓原理檢測出輸出點的電壓變化。設輸入電源為 Vin、電位計總長為 L 與直線滑動距離為 x，則電壓輸出端 Vb 為：

$$V_b = \frac{x}{L} V_{in} = \frac{R_b}{R_T} V_{in} \qquad （4.1.1）$$

其中 R_T 與 R_b 分別代表可變電阻的總電阻值與滑動後的輸出電阻。圖 4-1-1(b) 為角位移之位置轉換器，其由可旋轉的可變電阻器所構成，圖中端點 a 與 b 間為總電阻值，中間點 c 為不同旋轉角度的輸出電阻，故可藉由電位計之電阻變化檢測出轉動的角度 θ：

$$\theta = \frac{R_b}{\beta}，其中 \quad \beta = \frac{R_T}{360°} \qquad （4.1.2）$$

R_T、R_b 與 β 分別代表總電阻值、轉動輸出電阻與角度比值，角度比值即每 1° 的電阻值。再者，使用電位計需注意位移的解析度（resolution）與靈敏度（sensitivity），輸出電壓差 ΔV 解析度為：

$$\Delta V = \frac{\Delta R}{R_T} V_{in} \qquad (4.1.3)$$

其中 R_T、ΔR 與 V_{in} 分別代表可變電阻總電阻值、最小電阻變化量與輸入電壓。若 R_T 為固定值時，輸入電壓愈大則其解析度愈差，反之可增加電位計的解析度，然而電壓太小時又易變成靈敏度過高。靈敏度是指輸出之電壓對電阻元件的直流小信號靈敏度；即電阻元件參數變化對輸出訊號之影響。因此，靈敏度之計算是在偏壓點中心附近，故此分析亦屬於直流分析的一種，其計算公式如下：

$$S_{R_T}^{V_{in}} = \frac{\dfrac{\Delta V}{V_{in}}}{\dfrac{\Delta R}{R_T}} = \frac{\Delta V}{\Delta R} \frac{R_T}{V_{in}} \qquad (4.1.4)$$

其中 R_T 與 ΔR 分別代表可變電阻總電阻值與最小電阻變化量，V_{in} 與 ΔV 為輸入電壓與輸出電壓之變化量。

綜合上述可知，電阻式電位計位置轉換器具構造簡單、體積小、線性度佳、且具有較高耐振與耐衝擊性，然而，因電阻式之電位計易受到外在溫度影響而產生誤差，且使用過程易造成輸出電壓之殘留現象，因此，電阻式電位計位置轉換器的精度度不佳，難以應用於高階精密控制系統。再者，電阻式電位計輸出訊號為類比式，故需透過 ADC（analog-to-digital converter）轉換器，才能提供至數位控制器運算與處理。

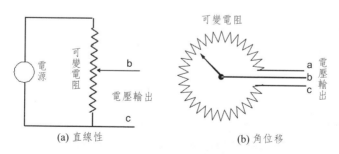

圖 4-1-1　電阻式電位計位置轉換器

4.2　光學式編碼器

編碼器（Encoder）是將訊號或邏輯數字編制或轉換成一連資料，以運用於通訊傳輸、資料傳送或檢測分析，如位置、速度或角度檢測。根據位置檢測原理，編碼器可分為光學式、電磁式、感應式和電容式等。光學式編碼器屬於非接觸傳感器的一種，主要使用光學元件互相耦合之發光部與受光部的光電訊號變換進行編碼，於光學式位置編碼器設計上，發光部和受光部之間需置入一旋轉盤，且此旋轉盤上有數個等間距孔隙，孔隙數量多寡跟編碼解析度有密切關連性，孔隙數量愈少時其編碼解析度較差，反之孔隙數量愈多其編碼解析度較佳，亦即馬達位置之定位精度較高。

光學式編碼器之機構設計上，旋轉盤通常被固定於主動的轉動軸上，如馬達中心或動力源傳動軸心上，因此當旋轉盤被轉動時，發光部的光線可透過旋轉盤上孔隙，將光傳送到受光部的光接收元件，此時光接收元件經光電訊號控制電路轉換後，可光訊號轉成數位輸出訊號，數位輸出訊號通常採用二進制演算判別訊號為 0s 或 1s。因此非接觸的光學式編碼器可應用於偵測運動中機械組件的位置、距離、角度、計數或速度等控制，此可配合回授補償控制以即時修正誤差偏移量，如圖 4-2-1 所示。圖 4-2-1 為閉迴路控制系統，當受控元件接收到輸入控制訊號時，輸出訊號若受到干擾而產生誤差，則光學編碼器可偵側誤差的大小，並進行回授補償控制以達到立即校正補償，使輸出與輸入間的誤差量滿足原設計之規格。

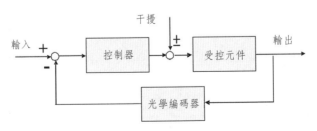

圖 4-2-1　機械元件光學編碼器回授補償控制

一般而言，光學式編碼器依編碼方式可分為增量式（Incremental encoder）、絕對式（Absolute Encoder）與複合式（Integrated Encoder）等三種編碼器，以下分別說明此三種之作用原理：

4.2.1 光學式增量式編碼

光學式增量式編碼器（Optical Incremental Encoder）採用一組陣列發光之光源（如二極體）與一組陣列接收光源（如光電晶體）所構成，見下圖4-2-2 所示，圖中交叉的兩條線若有相連接會以黑圓點表示，反之則代表兩條線沒有相連接。當馬達轉動從而帶動轉盤轉動時，陣列發光光源會透過轉盤上之孔隙，使光穿透或不穿透孔隙轉盤以分別驅動或不驅動光源接收器。若採用反射型之光學增量式編碼器，旋轉盤上具有黑與白條紋之圖案區段，因此當發射光源的光照到白色條紋區段時，接收器可接收到反射的光源，反之若發射光源的光照到黑色條紋區段時，光會被黑色區段所吸收而不會被反射，因此，光學增量式編碼器可藉由光的穿透／不穿透或反射／不反射而產生脈波訊號。穿透式光學增量式編碼器的旋轉盤上的孔隙大小與數量跟編碼解析度有密切關連。同樣地，反射式的解析度則受到黑／白色條紋區影像數量有關。明顯可知旋轉盤上刻度劃分愈細，即孔隙數量或黑白條紋愈多，編碼器所能量測位置的精準度與解析度愈佳。

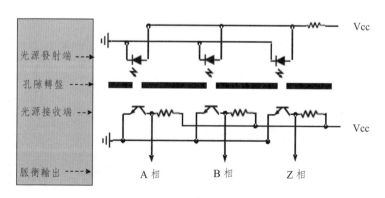

圖 4-2-2　穿透型光學增量式編碼器之基本電路與結構

　　增量式與絕對式編碼器不同之處在於增量式編碼器沒有固定的起始原點，常見增量式編碼器具有三條編碼道，其藉由旋轉盤轉動時將發光部與受光部的光電訊號轉換為脈衝數，每轉過一個孔隙的透光區時，受光部的光電訊號就發出一個脈衝信號，使計數器值累加 1。三條編碼道通稱為 A、B 與 Z 相且輸出為方波脈衝訊號，A 相與 B 相為二對光耦合器所構成脈衝序列訊號，再者 A 相與 B 相之輸出相位差為 90 度，從這兩個相位的超前或落後關係可判斷旋轉盤為正轉或反轉，如下圖 4-2-3 所示，當 A 相訊號領先 B 相訊號時，AB 相輸出的二值化邏輯訊號依序為 00、10、11 與 01。反之，當 A 相訊號退後 B 相訊號時，AB 相輸出的二值化邏輯訊號依序為 01、11、10 與 00，故根據這兩個不同之順序定義馬達為正轉或反轉的狀態。另一 Z 相信號是作為參考判斷，即當旋轉盤轉動一圈時會輸出一個參考脈波訊號，用以計算旋轉盤的轉動圈數，並且可消除 AB 相脈衝訊號之累積誤差，及作為系統或座標原點訊號的歸零校正。

光學增量式的不同編碼道相波數量，可檢測功能不盡相同，常見相波數量有單相脈波、雙向脈波、三相脈波與四相脈波，其各功能如下：

① 單相脈波：可用於單方向計數或轉速檢測。

② 雙相脈波：具有 A、B 兩相脈衝訊號，則可用於正反轉的計數、判斷和轉速檢測。

③ 三相脈波：有 A、B 與 Z 三相脈波，除了有上述雙相的功能外，其可增加參考位置之校正。

④ 四相脈波：有 A、A-、B、B-、Z、Z- 之脈波，由於帶有對稱負信號的連接，使電流對於電纜貢獻的電磁場為 0，可使訊號衰減最小及抗干擾最佳，故具有傳輸較遠的距離。

　　在光學編碼量測上，增量式編碼器之角度量測取決於旋轉盤上的孔隙或黑白條紋（邏輯 0 或 1）數量，其旋轉角度 θ 估算為：

$$\theta = \frac{360°}{P} \times n \qquad\qquad (4.1.5)$$

其中 n 與 p 分別表示為轉動的脈波波數與旋轉盤孔隙總數。例如旋轉盤孔隙總數有 4096 個（p），若馬達轉動輸出 2048 個脈波（n），則所代表之角度為 180 度。

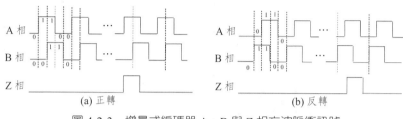

(a) 正轉   (b) 反轉

圖 4-2-3　增量式編碼器 A、B 與 Z 相方波脈衝訊號

4.2.2　光學絕對式編碼器

絕對式編碼器（Multi-turn Absolute Encoder）是直接由發光部與受光部讀出旋轉盤上之二進制編碼軌道所構成，此編碼軌道掃描方式有反射式與穿透式，反射式於編碼軌道刻上黑或白（邏輯 0 或 1）的二進制編碼圖案，見圖 4-2-4(a) 所示，圖中 MSB（Most Significant Bit）代表最高有效位元，LSB（Least Significant Bit）代表最低有效位元，此二進制編碼圖案為 4 個位元且被區分為 16 格（0-15），數位邏輯 0 代表發光部光源的光有被反射至受光部，反之，數位邏輯 1 代表發光部光源的光沒有被反射至受光部。如旋轉盤轉動時，可藉由光反射獲取光碼盤各道刻線唯一的編碼，當旋轉盤轉動超過 360 度時，光碼盤編碼又回到初始點，以達到絕對編碼原則。

絕對式編碼器的光碼盤上多個編碼軌道，常見光碼盤的編碼軌道有 2 線、4 線、8 線或 16 線等，編碼軌道數目 n 與編碼分辨率 α 有關，原則上 n 愈高其分辨精度亦愈高，其分辨率 α 為：

$$\alpha = \frac{360°}{2^n} \tag{4.1.6}$$

從 4-2-4(b) 圖中明顯示可知，二進制編碼的相鄰位元變化無規律性，因

此易產生不確定性誤差，例如由 1111 轉變成 0000 或由 0111 變成 1000 時，4 個位元都產生變化，故若對於編碼機械裝置的精密不高時，容易產生感測判讀誤差。為了避免此種誤差的現象產生，多數採用格雷碼（Gray code）二進制編碼，因相鄰碼僅有一個位元（bit）變化，此可避免產生錯誤的掃描信號。詳細的十進位值、二進制與格雷碼對照表如表 4-2-1 所示。

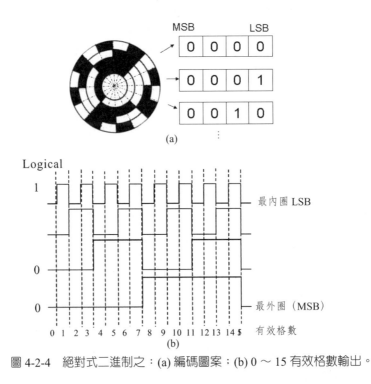

圖 4-2-4　絕對式二進制之：(a) 編碼圖案；(b) 0 ～ 15 有效格數輸出。

　　絕對式編碼器具有下三優點：可直接讀出坐標的絕對值、不會有累積誤差與關掉電源後位置信息不會消失。故絕對編碼器在位置定位明顯優於增量式編碼器，且於馬達高速轉動時光偵測電路之響應時間特性不受影響，再者，發光部與受光部判讀的可靠度佳，也不會受到外部干擾影響，已廣泛應用於工業光學編碼器定位。唯因絕對式編碼器的價格比增量式編碼器高。至於穿透式絕對編碼器，穿透式光碼盤上的編碼軌道有孔隙，其同樣藉由受光部接收孔隙之透光與不透光區的光電訊號進行編碼，其感測機制與反射式於

編碼器相同。

表4-2-1 十進位值、二進制與格雷碼對照表

十進位值	二進制	格雷碼	十進位值	二進制	格雷碼
0	0000	0000	8	1000	1100
1	0001	0001	9	1001	1101
2	0010	0011	10	1010	1111
3	0011	0010	11	1011	1110
4	0100	0110	12	1100	1010
5	0101	0111	13	1101	1011
6	0110	0101	14	1110	1001
7	0111	0100	15	1111	1000

4.2.3 混合式編碼器

複合式編碼器為前述絕對式與增量式兩種的組成，此有兩組的輸出訊號，一組用於檢測磁級的絕對位置；另一組則相同於增量式編碼器之功能。複合式編碼器通常用於交流同步伺服馬達的轉子檢測，故其除了原有的 A、B 與 Z 相方波脈衝訊號輸出外，還增加了 U、V 與 W 相方波脈衝訊號輸出，且相位各相差 120 度的輸出信號。

4.3 電磁式編碼器

電磁式編碼器為近年發展出來的一種新型電磁感測元件，相較於光學式編碼器，電磁式編碼器不易受到灰塵或潮濕環境影響，且結構構造簡單、可高速轉動、體積比光學式編碼器小與成本低。此外，電磁式編碼器易於將多個元件精確排列組合成新功能編碼器。常見電磁式編碼器之感測方式有霍爾效應與磁阻效應等。以下分別介紹這些感測原理：

4.3.1 霍爾感測器之編碼器

1. 霍爾效應

霍爾效應（Hall effect）是一種磁電效應，於半導體晶片中通入電流 I 時，同時又於垂直半導體晶片的方向施加磁場 B（見下圖 4-3-1(a) 所示），因此電子流受到 Lorentz force 的作用而感應產生橫向電壓差 Δ V，此電壓差之電場 E 會與電流 I 及磁場 B 垂直，其理論值為：

$$\Delta V = \frac{C}{t} \cdot I \cdot B \qquad (4.3.1)$$

其中 C、t、I 與 B 分別為霍爾係數、霍爾元件厚度、通過電流與垂直磁場強度。常見霍爾元件的半導體材料為砷化鎵（Gallium arsenide, GaAs）、鍺（Germanium, Ge）、砷化銦（Indium Arsenide, InAs）與矽（Silicon, Si）等，其中以砷化鎵材料較為常見，因其對溫度響應佳。以半導體材料的霍爾效應製作而成的元件稱為磁性霍爾感測器（Hall sensor）。霍爾感測器通入電流 I 的方法有定電壓驅動與定電流驅動兩種方式，定電壓驅動容易因外在溫度變化，造成不同磁阻效應，而使電流產生無規律的變化，故電壓差與磁場間之有非線性關係。然而，若採用定電流驅動，則霍爾感測器的輸出電壓不易受到溫度影響，故霍爾感測器的電壓差與磁場間之有較佳線性關係。圖 4-3-1(b) 為實際霍爾感測器，當腳位 1 與 2 輸入定電壓驅動或定電流驅動時，且有磁場作用於載流金屬導體或半導體時，霍爾感測器的腳位 3 會輸出橫向電位差。

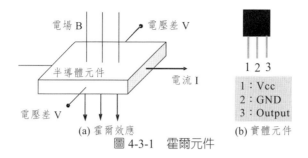

(a) 霍爾效應　　　　　(b) 實體元件

圖 4-3-1　　霍爾元件

2. 磁性旋轉編碼器

　　霍爾感測器配合磁性旋轉盤可構成位置編碼器，磁性旋轉盤上會依照編碼的圖形製作出磁化區 N 與 S 極構造，以感測不同之霍爾效應，見圖 4-3-2 所示。磁性旋轉盤上之磁極旋轉環是由交錯的 N 與 S 極所組合，且感測上會搭配兩個或數個霍爾感測器以偵測磁場訊號的變化。此外，原始霍爾感測器輸出波形通常為弦波訊號，且弦波訊號的振幅僅有數十到數百 mV，因此需設計差動放大器（Differential amplifier）或儀表放大器（instrumentation amplifier）將此訊號放大，最後再使用磁滯比較器（hysteresis comparator）將弦波訊號轉換為方波訊號。然而，現有商品化霍爾感測器多數已將驅動電路、定電流或定電壓電路、放大電路整合於單個積體電路（Integrated circuit, IC）元件中，以利於霍爾感測器偵測磁場變化或判斷磁極。

　　於磁性旋轉編碼器實際應用上，多數採用二個霍爾感測器以利於輸出二相相差為 90 度之 AB 相波形，從這兩個相位彼此間的超前或落後關係可判斷馬達為正轉或反轉。如下圖 4-3-2(b) 所示，若 AB 二個相位輸出的邏輯訊號分別為 00、10、11、01，表示 A 相訊號領先 B 相訊號，反之 AB 二相輸出的邏輯訊號為 01、11、10、00，則表示 A 相訊號退後 B 相訊號。

　　從上述可知電磁式編碼器與光學式編碼器之設計原理與輸出波形訊號大同小異。然而，就解析度而言，光學式編碼器每旋轉一週約產生 1024 ～ 4096（P/R）脈波數，但磁性編碼器每旋轉一週僅約能產生 100（P/R）脈波數，明顯可知磁式編碼器之解析度遠不如光學式編碼器。雖是如此，磁式編

碼器擁有低廉價格、組裝容易且不易受到灰塵或潮濕環境影響，所以其廣泛地被應用於位置檢測、角度檢測、轉速控制與圈數檢測等。

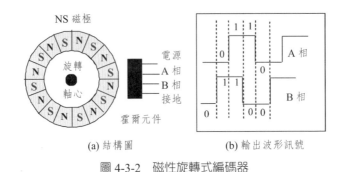

(a) 結構圖　　　　　　(b) 輸出波形訊號

圖 4-3-2 磁性旋轉式編碼器

4.3.2 磁阻感測器之編碼器

4.3.2.1 磁阻效應

磁阻效應（Magnetoresistance Effect）是由鐵磁性與非鐵磁性之材料所組成，見下圖 4-3-3(a)。當外加的磁場或磁通密度改變時，磁阻材料的電阻值也會隨著變化而改變，故磁阻是因磁場或磁性作用影響而改變的電阻（R_M），其與磁通密度關係如下：

$$R_M = \frac{R_0}{\cos^2\theta} \cong R_o(1+\mu^2 B^2) \qquad (4.3.2)$$

其中 R_0、θ、μ 與 B 分別為磁阻的初始電阻、電子受力的霍爾角度、電子移動率與外加磁通密度。一般而言，磁阻元件大都以銻化銦（Indium antimonide, InSb）與砷化銦（Indium arsenide, InAs）材料製作而成，元件內部磁阻結構設計多數採用串聯或橋式型式組合設計，見下圖 4-3-3(b)，以利於增加或減少電阻阻值。橋式型式設計可以補償因溫度效應所產生的基準電位偏移量或因磁場偏置時所產生的誤差。圖 4-3-3(c) 為二維磁阻感測器，當通入電壓時且外加磁場改變時，會造成磁阻的電阻改變，故可電流變化得

知電子受力的霍爾角度。

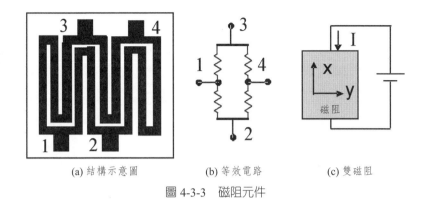

(a) 結構示意圖　　　(b) 等效電路　　　(c) 雙磁阻

圖 4-3-3　磁阻元件

4.3.2.2　磁極旋轉編碼器

　　磁阻元件編碼器之旋轉盤可採用 NS 磁極旋轉盤與鐵質導磁材料旋轉盤，見圖 4-3-4 所示。磁極旋轉盤上的 N 與 S 極會交錯感應磁阻感測器，而造成磁阻電阻隨著變化而改變。磁阻感測器編碼器之原理與霍爾感測器雷同，故在此不再贅述。磁阻感測器的編碼器亦已廣泛地應用於位置檢測，其與霍爾感測器一樣具價格低、安裝容易且不易受到灰塵或潮濕環境影響。

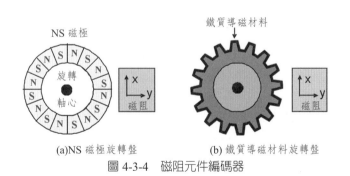

(a)NS 磁極旋轉盤　　　(b) 鐵質導磁材料旋轉盤

圖 4-3-4　磁阻元件編碼器

4.4　編碼解析度與應用電路

4.4.1　編碼解析度

常見增加光學式或電磁式旋轉盤的解析度方法包括增加旋轉盤編碼數、訊號內差分割設計與光柵繞射或干涉分割，以下分別說明各原理：

4.4.1.1　增加旋轉盤編碼數

增加旋轉盤編碼數通常直接於旋轉盤上增加孔隙、NS 磁極數量或鐵質導磁齒輪之齒數，但這些受限於傳統機械加工技術、光學繞射或磁場干擾的物理極限現象，尤其對於小直徑的編碼旋轉盤而言，更是難以採用此方式增加編碼盤的解析度。例如欲提高光學式編碼器之編碼解析度，發光部與受光部的光二極體和光電晶體的尺寸必須非常小，以利於整合在小直徑的編碼旋轉盤，而提昇空間解析度，但此受限元件尺寸與製造加工技術。此外，若彼此間元件過於緊密，易產生訊號干擾，且受光部之光電晶體所得到之光電流波形會有很高的直流成分，因此易造成動態範圍變窄之問題。

4.4.1.2　訊號內差分割設計

訊號內差分割設計是於單週期性的原始訊號內再細分割數個小訊號，此訊號分割方式有週期、相位與振幅的內差分割設計，以下為此三種分割設計說明：

1.週期分割

以光學式或電磁式編碼器的週期性分割為例，其主要利用 AB 兩相位的週期且配合電子電路設計，以分割編碼器原週期時間，從而提升編碼器的解析度。常見週期分割是 2n 為基底設計，例如 n = 2 表示為 4 倍頻分割法，此週期性分割可將原解析度提高到 4 倍，見下圖所示 4-4-1(a)。一般而言，可提高之最大解析度取決於原始信號的品質及分割信號之電路設計能力技術。

2.相位分割

相位分割乃將原始 AB 相位的弦波信號，透過電阻串、並聯設計以細分分割相差，使原弦波信號可被分 n 等份，若相位分割愈細則所需電阻的精密度愈高與數量亦愈多，下圖 4-4-1(b) 為串聯式相位分割電路設計，此使用 12 個精密可變電阻，將 0 ～ 360 度的相位再分割成 10 等份，其每等份之相位角度為 36 度。

3.振幅分割

振幅分割乃將 A 與 B 二相位訊號的振幅均分成 n 等份，見下圖 4-4-1(c) 所示，圖中 x 軸與 y 軸分別代表相位 A 與 B 的訊號，透過兩者振幅變化即可分數段之相位 A/B 之振幅差。通常將 A、B 信號相減，再藉由邏輯比較器而達成細分割。

4.4.1.3　光柵繞射或干涉分割

可利用光學原理之光柵繞射或干涉原理而達到分割功能，其通常配合雷射二極體及光路設計，達到解析度增加的需求。

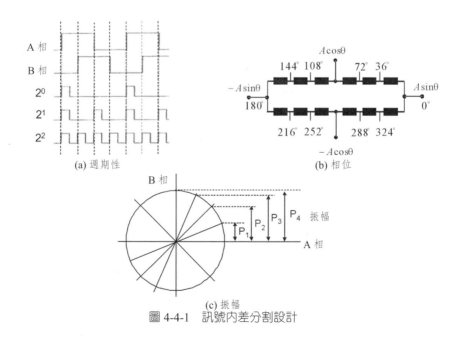

(a) 週期性

(b) 相位

(c) 振幅

圖 4-4-1　訊號內差分割設計

4.4.2　編碼器應用電路設計

　　上述所提編碼器元件之原始電壓或電流輸出訊號通常較微弱，且波形有時亦不規則及有漂移現象，因此難以直接應用於編碼器控制上，所以此尚需透過應用電路補償設計或信號處理，得以放大輸出電壓或電流訊號，使波形訊號可以規律性輸出。常見編碼器可被應用的輸出波形訊號有弦波與矩形波，若採用上述所提的分割方式提高編碼器解析度時，則較適合使用弦波波形輸出訊號，但若以編碼計數而言，因弦波訊號屬類比電路控制，較不易於數位邏輯（0 或 1）的計數判斷與讀取，故矩形波形的輸出較廣泛地被應用於編碼器的定位與計數。

　　史密特觸發器常用於脈衝信號整形電路，其包括同相與反向輸出整形電路，如下圖 4-4-2 與 4-4-3 所示。此史密特觸發器具有兩個穩態狀態，且訊號的上升與下降分別對應不同電壓的閾值準位。以圖 4-4-2 反相史密特觸發器而言，當輸入弦波信號上升到大於臨界電壓 V_H 時，輸出訊號轉變為低準位，此稱為邏輯 0 負向閾值。反之，當輸入弦波信號下降到小於臨界電壓 V_L 時，輸出訊號轉變為高準位，此稱為邏輯 1 正向閾值，故隨著弦波訊號轉變，其輸出信號會產生固定矩形脈衝的週期性訊號。同理，同相史密特觸發器而言，當輸入弦波信號上升到大於臨界電壓 V_H 時，輸出訊號轉變為高準位，此稱為邏輯 1 正向閾值。反之，當輸入弦波信號下降到小於臨界電壓 V_L 時，輸出訊號轉變為低準位，此稱為邏輯 0 負向閾值，見圖 4-4-3 所示。明顯可知，史密特觸發器可進行波形變換，若輸入波形有擾動雜訊時，亦可透過史密特觸發器適時增加閾值電壓，以消除擾動雜訊從而達到抗干擾能力。再者，若輸入波形的振幅不一時，同樣可透過史密特觸發器調整適當的閾值電壓，而達到固定振幅輸出。

　　單穩態觸發電路可將不規則脈衝訊號整形成為標準矩形脈衝輸出，且使矩形脈衝訊號具有固定振幅與波形寬度，再者單穩態觸發電路的輸出脈衝有穩態與暫時穩態兩種的工作訊號。例如：當原穩定狀態為低準位時，若單穩

態觸發器被外部觸發訊號觸發時,其輸出訊號會從原穩定狀態轉換到暫時穩態(高準位),在暫時穩態維持一段時間後,輸出訊號能自動返回到原穩定狀態。此暫時穩態的時間取決於電路自身參數設計,而與外部觸發脈衝訊號無關。

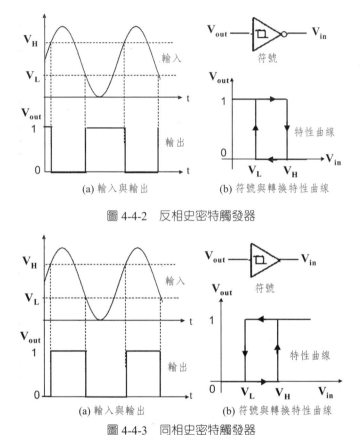

(a) 輸入與輸出　　　　　(b) 符號與轉換特性曲線

圖 4-4-2　反相史密特觸發器

(a) 輸入與輸出　　　　　(b) 符號與轉換特性曲線

圖 4-4-3　同相史密特觸發器

本單元採用 IC 74121 型號之單穩態史密特觸發元件(Monostable multivibrations with Schmitt-trigger inputs),圖 4-4-4(a) 與 (b) 分為集成單穩態觸發器之正緣與負緣觸發輸入的應用電路接法。A1 與 A2 均為低準位作動(Active-low)史密特觸發輸入,B 為高準位作動(Active-high)的史密特觸發輸入,腳位 9、10 與 11 為為暫時穩態的時間控制輸入,其它詳細的

功能請自行參閱 DM74121 的 datasheet，此單穩態觸發器之暫時穩態時間 t
計算如下：

$$t = k \times R \times C \qquad (4.4.2)$$

其中

t：暫時穩態單位為 ns（nano-second）

k：係數常數 0.7（通常依廠商設計值而定）。

C：外接的電容值，單位用 pF（pico-Farad）。

R：電阻值，單位用 kΩ（kilo-ohm），若採用內部電阻值則依照各元件出廠的
　　設計值。圖 4-4-4(a) 與 (a) 分別為外接電阻與採用內部電阻之電路接法。

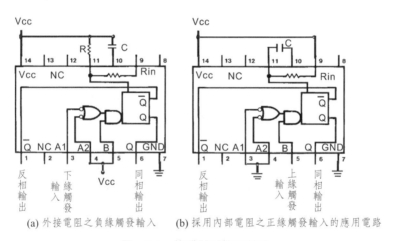

(a) 外接電阻之負緣觸發輸入　(b) 採用內部電阻之正緣觸發輸入的應用電路

圖 4-4-4　集成單穩態觸發器

　　圖 4-4-5 為增量式光學編碼器的應用電路簡介，其主要由單穩態觸發
器、史密特觸發器與 and 邏輯匣所構成的應用電路。單穩態觸發器是採用外
接電阻與電容且以負緣觸發輸入，即以 A 相的下緣觸發單穩態觸發器以輸
出脈衝訊號，再與 B 相做邏輯 and 以輸出正轉脈衝訊號。

　　然而，旋轉盤編碼解析度通常受限於轉盤孔隙或黑白條紋，因此可利用
電子電路補償以提升解析度，以下介紹常見四倍頻電路設計，此電路主要使

用型號74174的D型正反器（D-Type Flip-Flop with Clear）、史密特觸發器、反向器、XOR 與 and 邏輯匣所構成的應用電路，D 型正反器可用於記錄訊號 A 與 B 相的當前狀態與原狀態。

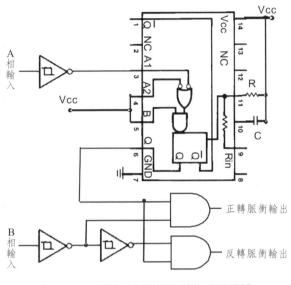

圖 4-4-5　增量式光學編碼器的應用電路

4.5　數位編碼與解碼邏輯設計

4.5.1　編碼邏輯電路設計

數位系統中的編碼器（Encoder）能將十進位數字或連續脈衝訊號轉換為二進制（Binary Code Decimal, BCD），例如十進制數字 6，透過編碼器編碼成四位元（bit）的 BCD 碼為 0110，以 BCD 碼 0110 之每位元所代表意義分別為 2^3, 2^2, 2^1, 2^0，此四個位元之最左邊位元稱為最低有效位元（Least Significant Bit, LSB），最右邊位元稱為最高有效位元（Most Significant Bit, MSB）。接下來說明編碼器如何將十進位的輸入數字編碼成為二進制 BCD 碼，但為簡化計算程序，本範例僅說明以 4 線對 2 線優先編碼器（4-line to

2-line priority encoder）之設計過程，所謂 4 線是表示輸入為十進位數之 0、1、2、3，而 2 線是表示輸出為二位元的二進制 BCD 碼，詳細如表 4-5-1 所示。表 4-5-1 為 4 對 2 的真值表，P0 ～ P3 分別表示為十進位數 0 ～ 3 的輸入，A 與 B 代表二位元的 BCD 碼，且此真值表具有優先編碼功能，即當二個或多個數字同時被輸入時，較大的數字會被優先編碼。表格中 0 表示為輸入（低準位作動）、1 表示未輸入（處於高準位狀態）、X 表示無論為 0 或 1 均不影響輸出狀態。

表4-5-1　編碼4對2的真值表

輸入				輸出	
P_3	P_2	P_1	P_0	B	A
1	1	1	0	0	0
1	1	0	X	0	1
1	0	X	X	1	0
0	X	X	X	1	1

　　接著本書採用卡諾圖（Karnaugh mapping）簡化方式進行編碼器之應用電路分析設計，

以下為卡諾圖簡化之設計步驟：

①依輸入變數建構卡諾圖：由表格 2 可知卡諾圖的輸入變數有 4 個且輸出有 2 個。首先建輸出 A 的卡諾圖，如圖 4-5-1 所示 x（橫）軸為變數 P_1P_0、y（縱）軸為 P_3P_2 變數。建構表格時需注意到，變數的相鄰位元僅能有一位元變化，如 00 ↔ 01 ↔ 11 ↔ 10 ↔ 00。

②將 A 輸出為 1 記錄在卡諾圖上：由表可知 $P_3P_2P_1P_0$ = 110X 與 $P_3P_2P_1P_0$ = 0XXX 之輸出為 1。已知 X 代表可為 0 或 1，如 $P_3P_2P_1P_0$ = 110X 表示包括 1100 與 1101，如圖 4-5-1(a)。

③將相鄰的 1，以 2 為底冪次方 2^n 圈選在一起，即以兩個、四個或八個等為一群組圈選在一起。圈選原則以最高冪次方為優先，且未被圈選的項可跟已被圈選的圈選一起，如圖 4-5-1(a) 所示。

④將同一個圈內所包含項及其互補項消去，以虛線圈為例（$P_3P_2P_1P_0 =$ 110X），變數 P_0 與 P_3 包括均包括其互補項 P_0，故將其此兩變數消去，此虛線圈簡化後為 $P_2\overline{P_1}$。同理 $P_3P_2P_1P_0 = $ 0XXX 之圈選經簡化後為 $\overline{P_3}$，故輸出 A 之卡諾圖簡化後的布林代數為：

$$A = P_2\overline{P_1} + \overline{P_3} \qquad (4.5.1)$$

上述輸出 A 為 $\overline{P_1}$ 與 P_2 兩者做邏輯 and 後、再與 $\overline{P_3}$ 做邏輯 or 運算，其中 $\overline{P_1}$ 表示為 P_1 的反匝（Inverter）。同理，輸出變數 B 卡諾圖如下圖 4-5-1(b) 所示，其經簡化後的布林代數為：

$$B = \overline{P_2} + \overline{P_3} \qquad (4.5.2)$$

根據上述（4.5.1）與（4.5.2）之布林代數式子，可建構出編碼的邏輯電路，如圖 4-5-1(c) 所示。

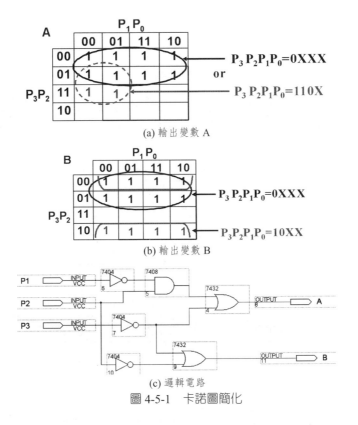

(a) 輸出變數 A

(b) 輸出變數 B

(c) 邏輯電路

圖 4-5-1　卡諾圖簡化

4.5.2　解碼邏輯電路設計

數位系統中的解編碼器（Decoder）能是將二進位 BCD 碼轉換為十進制輸出，此範例以 2 線對 4 線解編碼器為例，即以 2 位元的 BCD 碼作為輸入，且以十進位數字 0 ～ 3 作為輸出，見下表 4-5-2 所示。輸入變數 A 與 B 分別為最低有效位元與最高有效位元，輸出 P_3、P_2、P_1、P_0 分別表示為十進位 0、1、2、3，且真值表內 1 表示為高準位作動。例如 BA = 01 為十進位的 1、BA = 11 為十進位的 3。解碼的電路設計同樣使用卡諾圖進行簡化，此卡諾圖輸入變為有二個、輸出變數有 4 個，簡化步驟與上述相同，但因每個輸出變數內僅有一個為 1，因此亦可直接使用布林代數簡化取代。圖 4-5-2 為 P_3、P_2、P_1、P_0 的卡諾圖簡化，其經簡化後的布林代數為：

$$P_0 = \overline{AB}、P_1 = A\overline{B}、P_2 = \overline{A}B、P_3 = AB \tag{4.5.3}$$

根據上述（4.5.3）之布林代數式子，可建構出編碼的邏輯電路，如圖 4-5-3 所示。

表4-5-2　2 對 4 解編碼的真值表

輸入		輸出			
B	A	P_3	P_2	P_1	P_0
0	0	0	0	0	1
0	1	0	0	1	0
1	0	0	1	0	0
1	1	1	0	0	0

P_0		B	
		0	1
A	0	1	
	1		

P_1		B	
		0	1
A	0		1
	1		

P_2		B	
		0	1
A	0		1
	1		

P_3		B	
		0	1
A	0		
	1		1

圖 4-5-2　輸出變數 P_3、P_2、P_1、P_0 卡諾圖

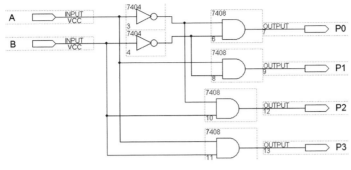

圖 4-5-3　2 對 4 解碼邏輯電路

4.5.3　計數器電路設計

　　現今有數種方式可設計出計數器，其主要功能可將脈波週期訊號轉換為二進制或十進制的表示，本章以 JK 正反器設計一個為 4 位元 BCD 碼之計數器，如下圖 4-5-4(a) 所示，其中 C0、C1、C2、C3 的 JK 正反器之相對應輸出 Q 分別代表為 BCD 碼的 2^3、2^2、2^1、2^0。當第一個脈波訊號從 JK 正反器 clock 端輸入時，且每一個 JK 腳位均為高準位 1，JK 正反器 C0 若偵到第一個脈波的負緣訊號時，Q 的腳位會出輸高準位 1 的 BCD 碼，此 BCD 碼為 0001，見下圖 4-5-4(b) 所示。當 clock 脈波訊號持續輸入時，第二個脈波訊號會使 C0 的正反器再切換一次（低準位），同時使 C1 正反器切換為高準位 1 的狀態，此時所得到的 BCD 碼為 0010，故依序有輸入脈波訊號時，即可完成計數之功能。本計數器僅有 4 個位元的 BCD 碼，因此計數的最高次數為 16 次。現有積體電路的計數器均有商品化元件，如 TTL 的 7493 與74192，因此讀者可直接購計數器的積體 IC，以簡化電路上之設計與配線上。

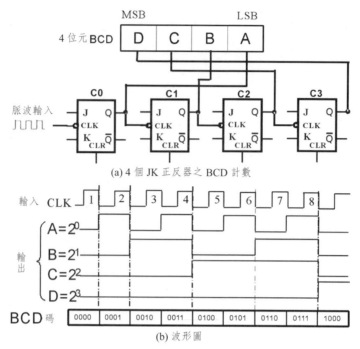

(a) 4 個 JK 正反器之 BCD 計數

(b) 波形圖

圖 4-5-4　計數器電路設計

參考書目

1. 張義和，「數位邏輯實習」，新文京出版，民國 95 年。

2. Roger L. Tokheim、譯者：陳進益、羅國維「數位邏輯設計原理與應用」，普林斯頓出版），民國 98 年。

3. 黃宏彥、余文俊、楊國輝，「感測器原理與應用電路實習」編著，高立圖書，民國 97 年。

第五章

雷射干涉儀

5.1　光的干涉原理

　　光干涉是一種由光的波動性所產生的現象，由兩道以上的光互相疊加所形成，此技術普遍被應用於精密量測領域中，例如：長度、角度、透光薄膜厚度…等等。下列將針對光干涉的基本原理與架構進行簡要說明，並展示基本干涉儀光路系統與工作原理。

5.1.1　光的干涉概述

　　干涉儀的發展雖已有一百多年的歷史，但直到 1960 年雷射問世後，由於雷射光的高同調度，干涉儀技術及工業應用才開始蓬勃發展，至今已被廣泛結合於各種精密量測儀器上，成為近代量測技術中重要的關鍵及核心。

　　干涉儀主要是利用干涉條紋的變化，透過光檢測器擷取干涉條紋的信號，經過特定的訊號處理方法，做為判斷待測物理量的依據，基本之干涉儀系統架構如圖 5-1-1 所示，包含光源模組、干涉鏡組（光路）及訊號處理模組。干涉儀的光路設計非常多樣，不同的干涉光路安排會產生不同的干涉訊號分布模式，而訊號分布即代表待測物所引起的光程差變化。圖 5-1-2 舉兩種不同架構之干涉儀的干涉訊號模式為例，圖 5-1-2(a) 為雙光束干涉儀，圖 5-1-2(b) 為多光束干涉儀，兩者比較，清楚顯示圖 5-1-2(a) 的訊號模式較為圓滑，圖 5-1-2(b) 的訊號模式較為細銳，故需要兩種不同的訊號處理模式，以解析量測訊號。因此，干涉儀系統中，最關鍵的兩項技術即為干涉儀光路設計規劃及光電訊號處理模式建構。

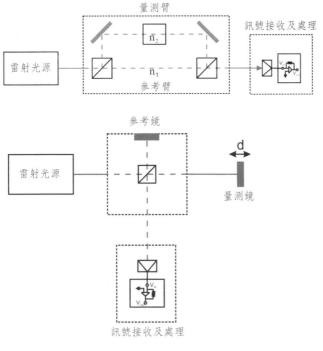

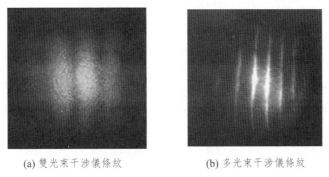

圖 5-1-1　干涉儀基本架構

(a) 雙光束干涉儀條紋　　　　　(b) 多光束干涉儀條紋

圖 5-1-2　干涉條紋

5.1.1.1　光的波動

　　光具有波動及粒子兩種特性，而干涉現象乃藉由光的波動性以詮釋此一表徵，因光的行進為一種橫波（transversal wave）模式，故可用式（5.1.1）的方程式表示其電場，其中，A 為電場的振幅，θ 為光波的相位角，而其光

強則可藉式（5.1.2）表示之。如圖 5-1-3 所示，光波由左往右傳播（顏色表示行進狀態，深淺表示先後順序）。

$$E = A \times \cos(\theta) \tag{5.1.1}$$

$$I = E^2 \tag{5.1.2}$$

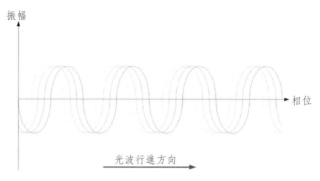

圖 5-1-3　光波行進示意圖

當兩道頻率相同的光波進行疊加時，如圖 5-1-4 及 5-1-5 所示，即產生光的干涉現象，其中，圖 5-1-4 為建設性干涉（constructive interference），因兩波的相位一致，因此疊合後可以得到更大的振幅，並形成如圖 5-1-2 中，亮紋的位置。圖 5-1-5 為破壞性干涉（destructive interference），在此，兩波的相位相差 180°，疊合之後振幅互相抵消，故形成圖 5-1-2 中暗紋的位置。

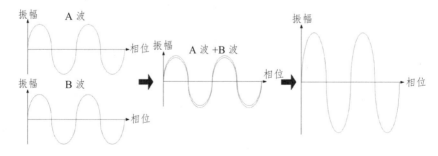

圖 5-1-4　建設性干涉

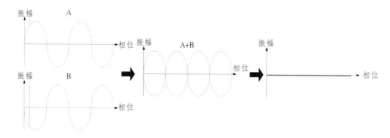

圖 5-1-5　破壞性干涉

5.1.1.2　光程與光程差

　　由於干涉現象起因於光程差，而光程（optical path, OP）是指光之行進幾何路徑長 s 與介質折射率 n 的乘積，若於均勻介質中，則可以式 5.1.3 表示之。而光程的另一個解釋為，光在相同的行進時間內，可在真空狀態中行進的幾何路徑長。

$$OP = s \times n \tag{5.1.3}$$

　　光程差（optical path difference, OPD）[1]，顧名思義就是兩道光束的光程之間的差異，此處以雙光束干涉儀為例，圖 5-1-6 為 Michelson 干涉儀的基本光路架構圖，其中 X_R 與 X_M 為參考臂及量測臂的長度，此處參考臂 / 量測臂的定義為，分光鏡中光分割的位置與參考鏡 / 量測鏡之間的距離，若假設整體系統中空氣的折射率為一常數 n，則可由上述光程的計算方式，計算出參考光與量測光的光程，如式 5.1.4 及 5.1.5，將此二式相減，即可得到此刻參考臂與量測臂之光程差，如式 5.1.6。

$$OP_R = X_R \times n \tag{5.1.4}$$

$$OP_M = X_M \times n \tag{5.1.5}$$

$$OPD = (X_R - X_M) \times n \tag{5.1.6}$$

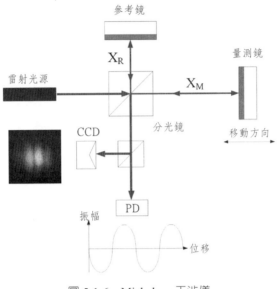

圖 5-1-6　Michelson 干涉儀

　　光程差為計算引起干涉現象的待測物理量之根本依據，以上述之 Michelson 干涉儀為例，其感測器處所接收到的光強度為式 5.1.7，其中 I_0 為雷射光源的強度，λ_0 為光源真空波長。因此，可由光強變化的周期得知位移量，其周期（period）與位移量（displacement, D）的關係，如式 5.1.8。此處僅舉此例說明，任何可影響光程差的參數，皆可由干涉儀所測得，這也是干涉儀之所以可應用於各項檢測工作的一項重要因素。

$$I = \frac{I_0}{2} \times \left[1 - \cos\left(\frac{2\pi(X_R - X_M)}{\lambda_0/n} \right) \right] \tag{5.1.7}$$

$$D = period \times \frac{\lambda_0/n}{2} \tag{5.1.8}$$

5.1.2　光干涉基本條件

　　光干涉的條件有兩點：(1) 相近且穩定的頻率，(2) 存在互相平行的偏振分量。而當干涉光束的頻率不同，或有部分垂直的偏振分量存在，都會影響

干涉條紋的可視度（visibility）[2]。可視度是一種定義干涉訊號清晰程度的一項參數，可表示如式 5.1.9，其中，I_{max} 與 I_{min} 為干涉條紋中，亮度最大值與最小值，通常是指亮紋及暗紋的位置，可視度是一種介於 1 ～ 0 之間的參數，可視度為 1 時，表示完全干涉，可視度為 0 時，表示完全不干涉，介於其中表示部分干涉。

$$Visibility = \frac{I_{max} - I_{min}}{I_{max} + I_{min}}$$

（5.1.9）

5.1.2.1　空間同調

在探討空間同調之前，必須先介紹光源的特性，圖 5-1-7 為平行光及點光源的示意圖，但理想平行光及點光源是不存在的，所有的光源都有其發散角以及發光面，而空間同調就是在空間中，探討不同的位置的光源其干涉能力的特性，此種特性，可由楊氏雙狹縫干涉實驗做為其最好的應證與說明。

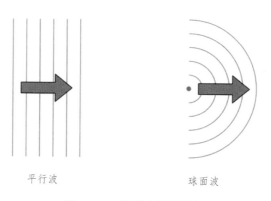

平行波　　　　　　　　　　球面波

圖 5-1-7　平行波與球面波

圖 5-1-8 為楊氏雙狹縫干涉實驗的示意圖，一發散光經過兩狹縫形成兩個新的點光源，兩點光源傳播至屏幕上，形成具有周期變化之干涉條紋，而光程差為零的位置，為零級條紋，如式（5.1.10），此處同調性最高，振幅變化也最大，而零階條紋左右兩側，分別為正、負一階之條紋，再往外則為正、負二階條紋，以此類推。條紋階數越高，則代表光程差越大，條紋的同

調性也越低，當條紋完全脫離同調長度（同調長度將於下小節說明），則無法形成干涉現象，僅剩下無干涉之直流項光強度。當光源往下移動時，零階條紋（光程差為零）的位置必定會往上偏移，如圖 5-1-8 及式（5.1.11）所示，在近軸條件下其推導可近似於式（5.1.12）及（5.1.13），由上述兩式又可推得（5.1.14），而當光程差等於波長（λ）時，可推得條紋間距Δy，如式（5.1.15）；假設極限之光源移動距離為 δ_{sl} 可得式（5.1.16）[2]。然而實際上的光源不會是理想的點光源，其發光的面積如超過光點極限移動距離 δ_{sl}，則此處發出的光產生的干涉，會與中心點的光產生的干涉現象錯開半個周期，亮紋與暗紋重合，造成屏幕上呈現完全相等的亮度，此時可視度降為 0，無法觀測出干涉現象。圖 5-1-9 為相干尺度（coherence scale）b_c 與空間同調（spatial coherence）距離 d_c 的示意圖，其推導如式（5.1.17）及式（5.1.18）。

$$光程差（\Delta L）= R_1 + r_1 - R_2 - r_2 = 0 \qquad (5.1.10)$$

$$R_1 + r_1 = R_2 + r_2 \qquad (5.1.11)$$

$$\frac{r_2 - r_1}{d} \cong \frac{\delta_y}{r}, \frac{R_1 - R_2}{d} \cong \frac{\delta_S}{R} \qquad (5.1.12)$$

$$r_2 - r_1 \cong \frac{\delta_y}{r} \cdot d, R_1 - R_2 \cong \frac{\delta_S}{R} \cdot d \qquad (5.1.13)$$

$$\delta_y \cong \frac{r}{R} \cdot \delta_S \qquad (5.1.14)$$

$$\Delta y = \frac{\lambda}{d} \cdot r \qquad (5.1.15)$$

$$\delta_{sl} \cong \frac{R}{r} \cdot \delta_y = \frac{R}{r} \cdot \frac{1}{2} \cdot \Delta y = \frac{R}{r} \cdot \frac{\lambda}{2d} \cdot r = \frac{R\lambda}{2d} \qquad (5.1.16)$$

$$b_c \cong \frac{R}{r} \cdot \Delta y = \frac{R}{r} \cdot \frac{\lambda}{d} \cdot r = \frac{R\lambda}{d} \qquad (5.1.17)$$

$$d_c \cong \frac{R\lambda}{b_c} = \frac{\lambda}{b_c/R} = \frac{\lambda}{\theta} \qquad (5.1.18)$$

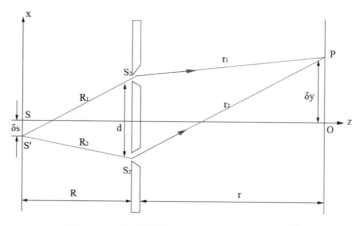

圖 5-1-8 楊氏雙狹縫干涉儀之光程示意圖 [2]

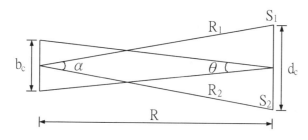

圖 5-1-9 相干尺度 b_c 與空間同調距離 d_c 的定義 [2]

5.1.2.2 時間同調

　　單一波長（頻率）的光源，可以在任意的距離產生干涉。但實際上，這種理想單色光源並不存在的，任何光源包括接近理想光源特性的雷射光，所產生的光波，都是以某個頻率為中心，兩側必會包含一定的頻率寬度（$\Delta\lambda$），這意謂光源只能在有限的距離產生干涉，而此一有限的干涉距離，即為同調長度（L_c）。同調長度可表示為光速（c）與同調時間（τ_c）的乘積，此一數學描述式如方程式 5.1.19 所示，由式中可知，如果要有無限的同調長度，則必須 $\Delta\lambda = 0$，但上述已知即使為雷射光，也存在一定寬度之 $\Delta\lambda$，故實際上任何光源，皆有其干涉距離的限制。

　　時間同調可使用圖 5-1-6 的 Michelson 干涉儀解釋之，當干涉儀參考臂

與量測臂相等時，假設在環境介質均勻的情形下，此時，光程差為零，為零階條紋（與 5.1.2.1 節類似），隨著光程差的增加，同調性也隨之下降，如圖 5-1-10。而另一種比較特殊的現象，如圖 5-1-11 所示，此雷射光源為多縱模雷射所產生的現象，多縱模意謂雷射光所涵蓋的頻率不只一種波段，為兩個以上的波段所組成，所以只有在兩個波段皆為建設性干涉時，才會產生較大的振幅，由零階干涉算起，會產生一次共同的建設性干涉點，之後多種模態的同步性逐漸錯開，形成較弱的干涉區段，當達到谷底時，各種模態又會逐漸重合，形成另一個相對極值（波峰），這樣重複的重合與交錯，形成一個個波包，這也是多縱模雷射所形成的一種特殊現象稱之為拍頻（beat frequency）[2]。

$$L_C = C \cdot \tau_C \approx \frac{\lambda^2}{\Delta\lambda} \tag{5.1.19}$$

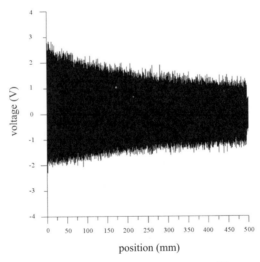

圖 5-1-10　單縱模雷射同調性測試 [16]

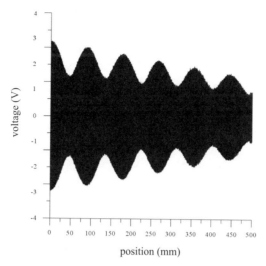

圖 5-1-11 多縱模雷射同調性測試 [16]

5.1.3 光束分割方式

前面提到干涉現象是由兩道以上的光束疊加所形成，所已形成干涉之前，必須先有兩道以上的光束，所以以下將介紹兩種常見的分光機制，這也是一般干涉儀分離參考光與量測光的主要方式。

5.1.3.1 波前分割

楊氏雙狹縫干涉儀為一種典型的波前分割干涉儀，如圖 5-1-12，將發散光經過兩狹縫，形成兩新的類點光源，因此光源一分為二，進而產生干涉，而此種模式亦可做不同的變化，如圖 5-1-13，以多個狹縫進行多道分光，可形成多光束干涉，產生較細銳的干涉條紋。

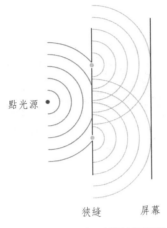

圖 5-1-12　楊氏雙狹縫干涉

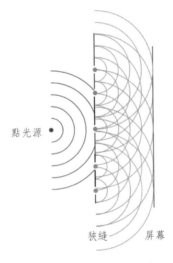

圖 5-1-13　多狹縫干涉

5.1.3.2　振幅分割

　　Michelson 干涉儀為一種典型的振幅分割干涉儀（圖 5-1-6），其分光鏡可為部分反射膜的形式，亦可為偏振分光的方式，如圖 5-1-14 及 5-1-15 中所列舉的四種分光方式，皆為常見的振幅分割方法。

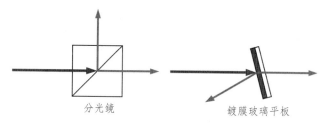

分光鏡　　　　　　　　　　　鍍膜玻璃平板

圖 5-1-14　非偏振振幅分割方法

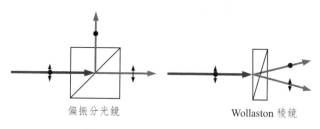

偏振分光鏡　　　　　　　　Wollaston 稜鏡

圖 5-1-15　偏振振幅分割方法

5.2　干涉儀簡述

　　干涉儀的種類繁多而其用途亦十分廣泛，截至目前為止，依然有很多新的干涉儀光路與應用領域被科學家們所研發並不斷地提出，以下將介紹幾種較常見的干涉儀及其光路。

5.2.1　雙光束干涉儀

　　雙光束干涉儀，顧名思義就是僅有兩道干涉光束形成干涉，此兩道光束一為參考光，另一為量測光，參考光經過的路徑為參考臂，此為提供光程的參考基準，用以比較量測臂中之光程變化量的一種干涉儀系統。

5.2.1.1　楊氏雙狹縫干涉儀

　　1801 年，英國科學家 Thomas Young 設計出了雙狹縫干涉實驗，如圖 5-1-13 所示，利用光的繞射與干涉原理，可在屏幕上觀測到周期性的干涉條紋，此實驗改變了科學家對光的認識，確切的證實了光的波動性，如圖

5-2-1 所示，首先遮住左側狹縫，可觀測到右側狹縫之光強，而反之則觀測到左側狹縫光強，但兩測狹縫皆開啟時，卻會觀測到周期性條紋，此現象是無法用粒子理論解釋，必須由波動理論解釋，因此證實了光確實有波動的特性 [3]。

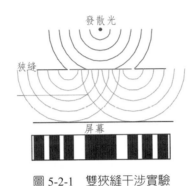

圖 5-2-1　雙狹縫干涉實驗

5.2.1.2　Michelson 干涉儀

1882 年，波蘭裔美籍科學家 Albert Abraham Michelson 提出了 Michelson 干涉儀，Michelson 干涉儀最初是為了量測「乙太」所設計的，乙太是一種被認為是光的介質的一種假想的物質，因此，地球上的乙太在地球公轉與自轉時，各個方向的乙太應該有著微量的相對速度，這也會間接的影響地球上各方向的光速。而 Michelson 干涉儀實驗推翻了這個假設，由實驗中證實，地球上在各個方向上的光速是一樣的 [4]。

然而，Michelson 干涉儀並未因證實乙太不存在後，就失去其研究價值，相反的，其簡單且穩定的架構深受科學家喜愛，遂被廣為研究，目前絕大多數的位移量測干涉儀光路皆為此架構改良而來。

5.2.1.3　Tyman-Green 干涉儀

Tyman-Green 干涉儀 [5] 是一種由 Michelson 干涉儀演變而來的一種干涉儀架構，如圖 5-2-2 所示，可發現此架構與 Michelson 干涉儀極為相似，同樣為一組光源，以分光鏡分為參考光與量測光，經反射後至分光鏡交會，

形成干涉條紋，此架構與 Michelson 干涉儀最大的不同點在於其光源與量測鏡，其光源為一擴束光，而量測鏡則改為一透鏡組，此設計的目的在於檢視量測鏡組中，待測透鏡的光學參數。

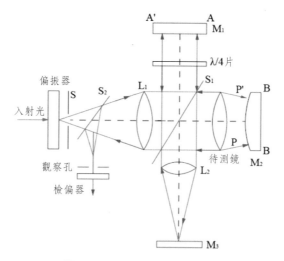

圖 5-2-2　Tyman-Green 干涉儀

5.2.1.4　Jamin 干涉儀

Jamain 干涉儀為 1856 年由法國科學家 Jules Jamin 所提出 [6, 7]，其光路如圖 5-2-3 所示，此一干涉儀主要被應用於量測氣體之折射率變化。當氣體之折射率受到溫度、濕度或壓力的影響時，則可藉由干涉條紋的變化得知待測物理參數之變化。

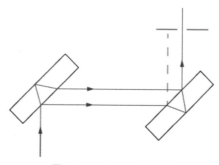

圖 5-2-3　Jamin 干涉儀

5.2.1.5　Mach-Zehnder干涉儀

　　Mach-Zehnder 干涉儀是由科學家 Ludwig Mach 與 Ludwig Zehnder 所提出 [8, 9]，其架構如圖 5-2-4 所示，此光路亦類似於 Michelson 干涉儀，將待測物置於量測臂中，即可量測出待測物所引起之光程改變量，以反推待測之參數。

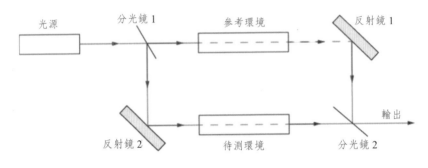

圖 5-2-4　Mach-Zehnder 干涉儀

5.2.2　多光束干涉儀

　　多光束干涉儀是一種由多道干涉光束，成形干涉現象的干涉儀系統，相較雙光束干涉儀，多光束干涉儀之架構與原理較為複雜，為了要保持多道光束能重疊於同一位置，所以其光機架構與限制相對較嚴格，絕大多數的多光束干涉儀，僅用於短靜態或準靜態的量測工作。

5.2.2.1　Fabry-Perot干涉儀

　　Fabry-Perot 干涉儀為一種典型的多光束干涉儀 [10]，是由 Charles Fabry 與 Alfred Perot 於 1897 年提出，如圖 5-2-5 所示，其架構由兩近乎平行之鍍膜玻璃平板所組成，此玻璃平板的架構亦可稱為標準具（etalon），而雷射管之共振腔亦類似其架構。

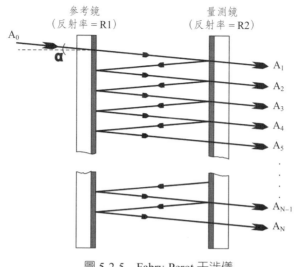

圖 5-2-5　Fabry-Perot 干涉儀

由於多光束干涉儀得理論較為複雜，以下以 Fabry-Perot 干涉儀為例，進行多光束干涉儀的干涉理論推導，以典型之兩平行鏡面式 Fabry-Perot 干涉儀為分析對象（如圖 5-2-5），假設當入射角 $\alpha \sim 0$ 時推導光強（I）之方程式。

透射光振幅公式：

A_0 為入射光振幅；R1 為參考鏡反射率；T1 為參考鏡透射率；R2 為量測鏡反射率；T2 為參考鏡透射率；理想情況 R1 + T1 = R2 + T2 = 1。

第一道光振幅：$A_1 = A_0 \cdot \sqrt{T1} \cdot \sqrt{T2} = A_0\sqrt{T1}\sqrt{T2}\sqrt{R1}^{\,0}\sqrt{R2}^{\,0}$

第二道光振幅：$A_2 = A_0 \cdot \sqrt{T1} \cdot \sqrt{T2} \cdot \sqrt{R1} \cdot \sqrt{T2} = A_0\sqrt{T1}\sqrt{T2}\sqrt{R1}^{\,1}\sqrt{R2}^{\,1}$

第三道光振幅：$A_3 = A_0 \cdot \sqrt{T1} \cdot \sqrt{R2} \cdot \sqrt{R1} \cdot \sqrt{R2} \cdot \sqrt{R1} \cdot \sqrt{R2} \cdot \sqrt{T2}$
$\qquad\qquad = A_0\sqrt{T1}\sqrt{T2}\sqrt{R1}^{\,2}\sqrt{R2}^{\,2}$

第 N 道光振幅：$A_1 = A_0 \cdot \sqrt{T1} \cdot \sqrt{T2} = A_0\sqrt{T1}\sqrt{T2}\sqrt{R1}^{\,0}\sqrt{R2}^{\,0}$

透射光電場公式：

電場（E）＝振幅（A）$\times \sin(\omega t - kr)$，

其中 $k = \dfrac{2\pi}{\lambda}$，r 為光傳播路徑長

如圖 5-2-6 所示，藍色路徑為各道光束共同經過的路徑；黃色部分雖經過的路徑不同，但各段的長度相同；紅色部分則為各段之間的差距。各段的共同經過的路徑長為藍色線段與黃色線段合設為 x；各段間的差距為紅色線段長當入射角 $\alpha \sim 0$ 時，其路徑長趨近於 2d。

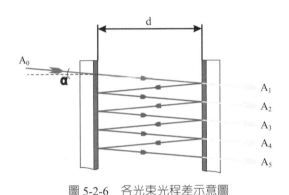

圖 5-2-6　各光束光程差示意圖

各段相位差（δ）= k · 2d = 2d = $\dfrac{4\pi d}{\lambda}$；d = 玻璃平板間距；

ω = 雷射光角速度；t = 時間

第一道光場：$E_1 = A_1 \times \cos(\omega t - kx - 0\delta)$

第二道光場：$E_2 = A_2 \times \cos(\omega t - kx - 1\delta)$

第三道光場：$E_3 = A_3 \times \cos(\omega t - kx - 2\delta)$

…

第 N 道光場：$E_N = A_0 \sqrt{T1} \sqrt{R2} \sqrt{R1}^{N-1} \sqrt{R2}^{N-1} \times \cos(\omega t - kx - (N-1)\delta)$

電場總合：$E = E_1 + E_2 + E_3 + \cdots + E_\infty = \sum\limits_{N=1}^{\infty} E_N$

$$E = A_0 \cdot \sqrt{T1} \cdot \sqrt{R2} \times \sum\limits_{N=1}^{\infty} (\sqrt{R1}\sqrt{R2})^{N-1} \times \cos(\omega t - kx - (N-1)\delta) \qquad （5.2.1）$$

由 $\cos(\gamma) = \mathrm{Re}[\cos(\gamma) + i \cdot \sin(\gamma)]$，　其中　$\cos(\gamma) = \dfrac{e^{i\gamma} + e^{-i\gamma}}{2}$；

$$\sin(\gamma) = \frac{e^{i\gamma} - e^{-i\gamma}}{2i}$$

$$故 \cos(\gamma) = \left[\frac{e^{i\gamma} + e^{-i\gamma}}{2} + i \cdot \frac{e^{i\gamma} - e^{-i\gamma}}{2i}\right] = \mathrm{Re}\,[e^{i\gamma}]$$

$$A_0 \cdot \sqrt{T1} \cdot \sqrt{T2} \times \sum_{N=1}^{\infty} (\sqrt{R1} \cdot \sqrt{R2})^{N-1} \times (\omega t - kx - (N-1)\delta) \qquad (5.2.2)$$

$$
\begin{aligned}
E &= \mathrm{Re}\left[A_0 \cdot \sqrt{T1} \cdot \sqrt{T2} \times \sum_{N=1}^{\infty} (\sqrt{R1} \cdot \sqrt{R2})^{N-1} \times e^{i[(\omega t - kx - (N-1)\delta)]}\right] \\
&= \mathrm{Re}\left[A_0 \cdot \sqrt{T1} \cdot \sqrt{T2} \times \sum_{N=1}^{\infty} (\sqrt{R1} \cdot \sqrt{R2})^{N-1} \times e^{i[(\omega t - kx - (N-1)\delta)]}\right] \qquad (5.2.3) \\
&= \mathrm{Re}\left[A_0 \cdot \sqrt{T1} \cdot \sqrt{T2} \cdot e^{i(\omega t - kx)} \times \sum_{N=1}^{\infty} (\sqrt{R1} \cdot \sqrt{R2})^{N-1} \times e^{-i(N-1)\delta}\right]
\end{aligned}
$$

$$其中 \sum_{N=1}^{\infty} (\sqrt{R1} \cdot \sqrt{R2})^{N-1} \times e^{-i(N-1)\delta} = \frac{1}{1 - (\sqrt{R1} \cdot \sqrt{R2}) \cdot e^{i\delta}}$$

$$E = \mathrm{Re}\left[A_0 \cdot \sqrt{T1} \cdot \sqrt{T2} \cdot e^{i(\omega t - kx)} \times \frac{1}{1 - (\sqrt{R1} \cdot \sqrt{R2}) \cdot e^{i\delta}}\right] \qquad (5.2.4)$$

光強（I）推導如式（5.2.5）及（5.2.6），圖 5-2-7 是數學模擬軟體在 R1 及 R2 為 90%，波長（λ）為 632nm 情形下之光強度模擬。

$$
\begin{aligned}
I = E \times E^* &= \mathrm{Re}\left[A_0 \cdot \sqrt{T1} \cdot \sqrt{T2} \cdot e^{i(\omega t - kx)} \times \frac{1}{1 - (\sqrt{R1} \cdot \sqrt{R2}) \cdot e^{i\delta}}\right] \\
&\quad \times \mathrm{Re}\left[A_0 \cdot \sqrt{T1} \cdot \sqrt{T2} \cdot e^{-i(\omega t - kx)} \times \frac{1}{1 - (\sqrt{R1} \cdot \sqrt{R2}) \cdot e^{-i\delta}}\right]
\end{aligned}
$$
$$(5.2.5)$$

$$I = \frac{A_0^2 \times (\sqrt{T1} \times \sqrt{T2})^2}{1 + (\sqrt{R1} \times \sqrt{R2})^2 - 2(\sqrt{R1} \times \sqrt{R2}) \times \cos(\delta)} \qquad (5.2.6)$$

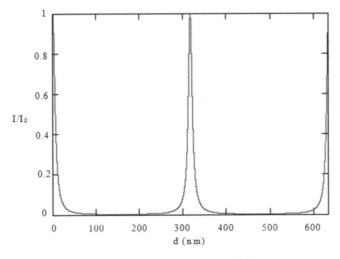

圖 5-2-7 Fabry-Perot 的光強度模擬

5.2.2.2 Fizeau 干涉儀

Fizeau 干涉儀亦屬於一種多重干涉式的干涉量測系統[5]，其光路如圖 5-2-8 所示。利用擴束光源入射由參考鏡片及待測光學元件所組成的共振腔，將共振腔的反射光由影像系統擷取，如此便可由擷取之影像，分析待測光學元件的參數。

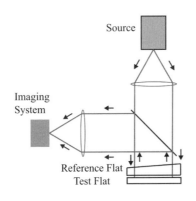

圖 5-2-8 Fizeau 干涉儀

此架構由於光束於參考鏡片及待測光學元件之間來回反射，形成多道光

束的干涉系統，正如先前 5.2.2 節所提到的，多光束干涉儀多用於靜態或準靜態的量測系統，Fizeau 干涉儀亦屬於此一類型。

5.2.2.3　Lummer-Gehrcke干涉儀

Lummer-Gehrcke 干涉儀[1]（圖 5-2-9）的干涉原理類似於 5.3.2.1 節之 Fabry-Perot 干涉儀，不同的是光束以較大之角度入射石英平板，而石英平板的長度也較長，如此才能使光束於平板中，形成多次的反射與穿透，將穿透與反射之光束以透鏡聚焦至屏幕，可藉由觀測屏幕上的干涉圖形，分析入射光的頻譜，因此，此架構可做為頻譜儀使用。

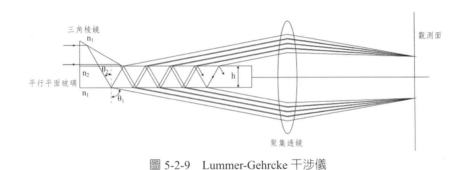

圖 5-2-9　Lummer-Gehrcke 干涉儀

5.3　雷射干涉儀的應用

干涉儀同時兼具高解析度及大量程的量測特性與優勢，另外，其量測基準可追溯至長度公尺的定義，遂成為各種精密量測領域中，頗為倚重的一項量測技術，本節將介紹干涉儀於各種精密量測上之應用。

5.3.1　長度量測

自 1960 年雷射問世後，開始有了同調長度較長的光源，用於長度量測之干涉儀系統遂開始蓬勃發展，直至目前為止，干涉儀依然是精密長度量測的一項重要工具。

5.3.1.1 絕對長度量測

　　在絕對長度量測的領域中，干涉術是一項重要的技術，因為高精密的絕對距離量測，多是用來制定標準以及提供校正依據，所以干涉儀高精密及長距離量測的優勢，便可在此充分發揮。如美國國家標準局（NIST）的研究員 John R. Lawall 於 2005 年所提出用於絕對距離量測的 Fabry-Perot 干涉儀系統 [11]（圖 5-3-1），可進行 50mm 以上之絕對距離量測，其絕對不確定度可達到 4×10^{-10}，這樣精密的量測精度，就以當前的量測技術而言也難出其右，但此架構相比一般干涉儀較為複雜，故僅適合於實驗室中提供制定標準及長度校正時使用，較不適宜為一般精密機械產業所用。

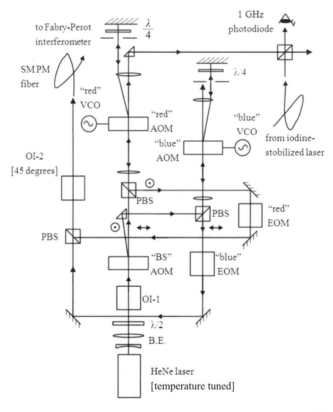

圖 5-3-1　John R. Lawall 所提出之 Fabry-Perot 干涉儀系統 [11]

5.3.1.2 相對長度量測

在干涉儀領域中，相對長度量測是一項常見的技術，舉凡精密定位、機台校正及精密量測儀器…等，無一不需藉由干涉儀的輔助。現今相對長度量測之干涉儀系統，多半是建構在 Michelson 干涉儀的基礎上，因為 Michelson 干涉儀的架構簡單，適用於長行程的量測，圖 5-3-2 為常見的商業化干涉儀系統 [16-18]。圖 5-3-3，將干涉儀測頭固定 [17]，並將所對應之鏡組固定於待測平台上，即可由干涉訊號量測出待測平台之位移變化，解析度可達奈米或次奈米等級。

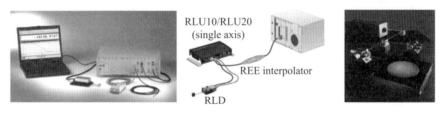

圖 5-3-2　商業化之位移量測干涉儀系統 [17-19]

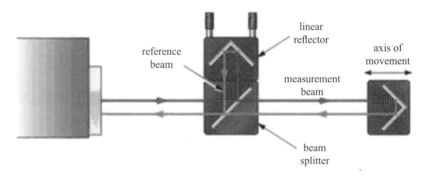

圖 5-3-3　相對長度量測干涉儀架構 [17]

5.3.2　角度量測

角度量測為干涉儀另一項常見的應用 [17]，如圖 5-3-4 所示，參考臂與量測臂分別入射於待測稜鏡組的上下兩端，如此即可由干涉訊號得知稜鏡上下

的光程差,並由此推得距離,如兩稜鏡的距離為已知,即可由三角函數之關係求得稜鏡組偏斜之角度。

　　以此方式量測角度的範圍會有所限制,如傾斜角度過大,會因為參考光與量測光在空間中的疊合面積變小,導致干涉訊號的可視度降低,影響量測結果的判斷;但在量測範圍內可達到角秒等級的量測解析度。

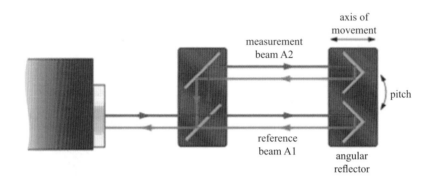

圖 5-3-4　角度量測干涉儀架構 [17]

5.3.3　應變量測

　　先前提到多光束干涉儀具有高穩定度及解析度的特性,適用於靜態或準靜態的量測工作,而應變量測正符合這樣的工作環境,如圖 5-3-5 所示,此架構為 2001 年由 M. Jiang, E. Gerhard 所提出之應變量測干涉儀 [12],此干涉儀是建構在 Fabry-Perot 干涉儀的架構下,利用聚合物的上下表面,形成類似 Fabry-Perot 共振腔的結構,以量測聚合物因受力壓縮後,所引起的光程差變化,計算聚合物的應變量。

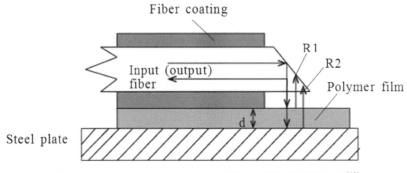

圖 5-3-5　M. Jiang, E. Gerhard 所提出之應變量測干涉儀 [12]

5.3.4　透光薄膜厚度量測

透光薄膜一般可使用幾何光學的原理 [21]，搭配高解析度的 CCD 以量測，如圖 5-3-6 所示，但微奈米等級的薄膜以此法量測卻會面臨解析度不足

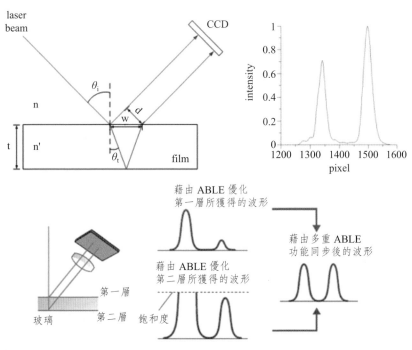

圖 5-3-6　幾何光學原理的薄膜量測方法 [21]

的問題，由於現今的 CCD 受限於製程技術，解析度僅能達到個微米的等級，不足以因應奈米等級的薄膜量測，因此，干涉式薄膜量測技術遂開始受到重視，如圖 5-3-7 為 1999 年由 S. W. Kim, G.H. Kim 所提出之干涉式透光薄膜量測系統 [13]，圖 5-3-8 為其量測實驗的結果，此架構亦可達到奈米等級的量測解析度。另外，Keyence 公司亦推出商用化干涉式薄膜厚度量測系統 [21]，其架構如圖 5-3-9 所示，其解析度可達 10nm 的等級。

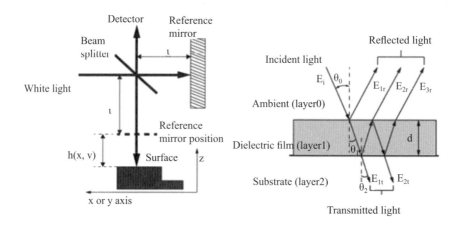

圖 5-3-7　S. W. Kim, G.H. Kim 所提出之薄膜應變量測干涉儀 [13]

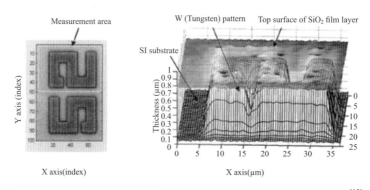

圖 5-3-8　S. W. Kim, G.H. Kim 所提出之薄膜量測干涉儀實驗結果 [13]
　　　　　(a) 待測物形貌　　(b) 量測結果

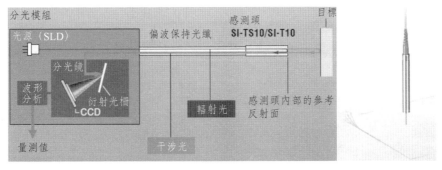

圖 5-3-9　Keyence 公司推出的干涉式薄膜厚度量測系統 [21]

5.3.5　光學元件幾何參數量測

干涉條紋的圖案，可做為判斷光學元件的幾何參數的一項依據，如圖
5-3-10 所示，左側為商業化的 Fizeau 干涉儀 [5]，右側則為干涉圖樣，由此
干涉圖樣可判斷待測光學元件，於中心處有略為起伏的區塊。另外，除了
Fizeau 干涉儀外， Newton 干涉儀、 Mach-Zehnder 干涉儀及 Haidinger 干涉
儀…等 [5]，亦常做為量測光學元件幾何參數之用。

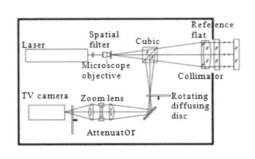

圖 5-3-10　商業化之 Fizeau 干涉儀架構及其干涉圖樣 [5]

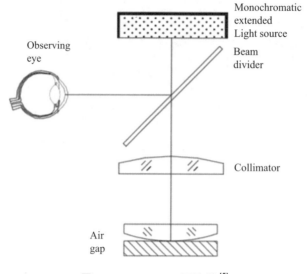

圖 5-3-11　Newton 干涉儀 [5]

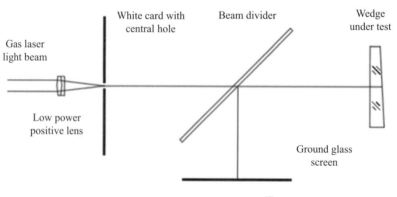

圖 5-3-12　Haidinger 干涉儀 [5]

5.3.6　流場量測

　　流場量測中常應用全像干涉術，以檢出流場的溫度、密度、流速…等物理量，圖 5-3-13 為流場量測的干涉儀架構圖 [14]，此一光路屬於 Mach-Zehnder 干涉儀的架構，其量測出來的干涉圖像，如圖 5-1-14 所示 [14]，以

往以人工的方式計算條紋級數，以求得流場之溫度分布，由於科技的發展，現多以 CCD 做為影像擷取的工具，以數位影像處理取代傳統的人工判讀。

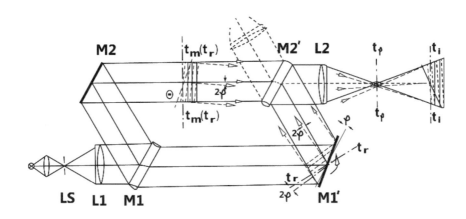

圖 5-3-13 應用於流場量測之 Mach-Zehnder 干涉儀 [14]

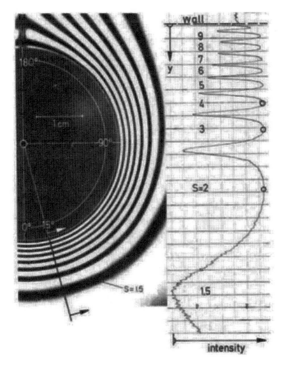

圖 5-3-14 流場量測干涉圖像 [14]

5.4　精密奈米定位

奈米定位是干涉儀近年來一項最重要的應用領域[19]，其原因可由圖 5-4-1 中清楚看出，在各種常見的量測技術中，僅有干涉儀可在長距離中，依然保有高解析度的優勢，而量測距離僅次於干涉儀的線性編碼器，由於受限於光柵製程，僅能有數公尺的量測範圍；而干涉儀卻能在數十或數百公尺的範圍中，仍然保有奈米等級的解析度，這也是干涉儀之所以能在奈米定位系統中，扮演重要角色的主要原因。

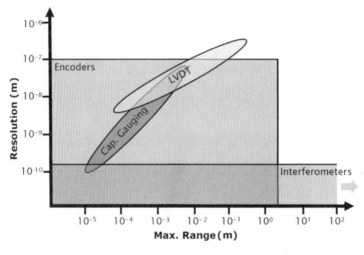

圖 5-4-1　常見之量測系統比較圖[20]

目前精密奈米定位平台大多以干涉儀為其位移感測裝置，如圖 5-4-2 及 5-4-3 為商業化之奈米定位機[15]，其提供一精準的定位平台，內部設有三組干涉儀測頭，分別監測三維定位系統中的六個參數（三軸的定位及角度），並以音圈馬達即時補正角度偏斜，藉以達到奈米等級之定位目的。此平台上可掛載各種精密的探頭及加工器具，即可達到高精密檢測或奈米級加工的應用需求。

圖 5-4-2 商業化之奈米定位機 [15]

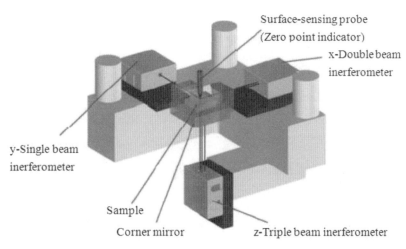

圖 5-4-3 奈米定位機之定位機制 [15]

參考書目

1. M. Born, E. Wolf, 'Principles of Optics: Electromagnetic Theory of Propagation, Interference and Diffraction of Light', Cambridge University Press, Seven Editionm, 1999.

2. 劉思敏，許京軍，郭儒，相干光學，南開大學出版社，頁 1-20，2001。

3. Brian Greene, 'The Elegant Universe: Superstrings, Hidden Dimensions, and the Quest for the Ultimate Theory', New York: W. W. Norton, pp. 97-109, 1999.

4. Dorothy Michelson Livingstion, 'The master of light; A biography of Albert A. Michelson', ISBN 0-226-48711-3.

5. Daniel Malacara, 'Optical Shop Testing', Wiley-Interscience, Third Edition, pp.17-32, 2007.

6. Jamin, J. Celestin, 'Neuer Interferential-Refractor'. Annalen der Physik und Chemie 174 (98)(6): 345-349, 1856.

7. H. M. Nguyen, M. A. Dundar, R. W. van der Heijden, E. W. J. M. van der Drift, H. W. M. Salemink, S. Rogge and J. Caro, 'Compact Mach-Zehnder interferometer based on self-collimation of light in a silicon photonic crystal' Optics Express, No. 7, Vol. 18, pp. 6437-6446, 2010.

8. L. Z. Zehnder, 'Ein neuer Interferenzrefraktor,' Instrumentenkunde, No. 11, pp. 275-285, 1891.

9. L. Z. Mach, 'Ueber einen Interferenzrefraktor,' Instrumentenkunde, No. 12, pp. 89-94, 1892.

10. J. M. Vaughan, 'The Fabry-Perot interferometer - History, Theory, Practice and Applications', Adam Hilger, pp. 1-38, 1989.

11. John R. Lawall, 'Fabry-Perot metrology for displacements up to 50 mm', J. Opt. Soc. Am. A, Vol. 22, No. 12, 2005.

12. M. Jiang, E. Gerhard, 'A simple strain sensor using a thin film as a low-finesse fiber-optic Fabry-Perot interferometer', Sensors and Actuators, A 88, pp.41-46, 2001.

13. S. W. Kim, G.H. Kim, 'Thickness-profile measurement of transparent thin-film layers by white-light scanning interferometry', Applied Optics, Vol. 38, No. 28, 1999.

14. W. Hauf, U. Grigull, 'Optical Method in Heat Transfer', Advance in heat transfer, vol. 6, pp.133-364, 1970.

15. Gerd Jaeger, 'Limitations of Precision Length Measurements Based on Interferometers', Fundamental and Applied Metrology, Lisbon, Portugal, pp. 1915-1919, 2009.

16. 王永成、徐力弘、張中平,「同調長度對多光束位移干涉儀之影響」,2010精密機械與製造科技研討會,2010。

17. http://www.renishaw.com.tw

18. http://www.sios.de

19. http://www.lasertex.eu

20. http://www.zygo.com

21. http://www.keyence.com.tw/

第二八章

感測元件

作者　陳進益

6.1　光電感測元件

　　光感測器受到光的照射後，依據光源的強弱會造成電流、電阻或電壓的變化，例如光電二極體受光時，其輸出的電流大小會變化；光敏電阻受不同強弱的光照射時，其電阻值會改變；太陽能電池（光伏打電池）受光時，其端電壓的大小會變化。光電元件相當多，其應用也很廣泛，如電視的遙控器、影印機、無人搬運車、光學條碼掃瞄器等。有些是應用這些光電元件所組合而成，例如光學尺或是第四章所介紹的位置編碼器等。

6.1.1　光二極體

　　光二極體（photodiode）是將光的強弱轉換為電流訊號輸出，所以也稱為光電二極體，其電路符號與接腳如圖 6-1-1 所示，其中 A 表示陽極（anode）；K 表示陰極（cathode）。它是以矽作為材料，再加入 InGaAs、GaAsP 等不同的雜質，而製成 PN 接面的二極體。由於光照射時，會在 P-N 接面產生電子－電洞對，且在電場的作用下，使得電子－電洞對通過 P-N 接面而產生電流，此電流大小與所接收光的強弱、波長、有效的照射面積等因素相關，因為光的照射而形成電流，故此電流也稱為光電流。從圖 6-1-2 可以得知，光電二極體受到順向偏壓時，當照度越大時，其光電流也越大。

　　光電二極體在沒有光照射時，其特性就如同一般的二極體，於逆向偏壓時會有微小的電流存在。當光電二極體未受光且在逆向偏壓條件下所產生的微小電流，稱之為暗電流（dark current），其大小約幾十 pA 至幾十 nA，且會隨著周圍溫度的增加而變大。一般在設計電路時，常使光電二極體工作於逆向偏壓。光電二極體因反應速度快且可測定光強度的範圍廣，所以可作為量測距離的感測器、遙控等訊號的接收元件或相機的感光器等。

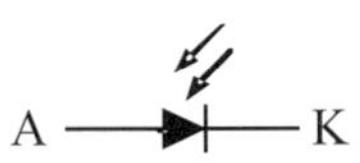

A ———▶|—— K

圖 6-1-1　光電二極體電路符號與接腳

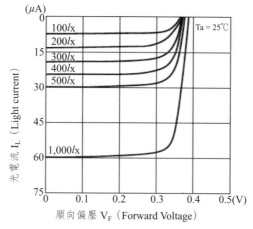

圖 6-1-2 順向偏壓―光電流的特性曲線

6.1.2 光電晶體

前一小節所介紹的光電二極體，在光的照射下會產生光電流，但是它的光電流都相當小，不容易使用而必須將電流訊號加以放大，所以光電晶體（phototransistor）就是將光電二極體與一般的電晶體做在同一個封裝內所構成，故光電晶體可以將光電二極體的光電流放大約 β 倍（β 為電晶體的直流電流增益），對光的靈敏度相對遠大於光電二極體，但也造成暗電流增加而使得反應速度變慢的缺點。圖 6-1-3 所示為兩根接腳的光電二極體的電路符號，其中 C 表示集極（collector）；E 表示射極（emitter），另外也有三根接腳的型式。若將光電二極體與兩個電晶體做在同一個封裝內則構成光達靈頓電晶體（photodarlington transistor），它會將光電二極體的光電流放大約 β^2 倍。

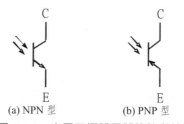

(a) NPN 型　　　　(b) PNP 型

圖 6-1-3 光電二極體電路符號與接腳

　　圖 6-1-4(a) 為典型光電晶體的集極－射極電壓（V_{CE}）對集極電流（I_C）的特性曲線，在每一條曲線圖上標示著照度大小，此圖與一般 NPN 電晶體的特性曲線相似；而從圖 (b) 的全對數圖上可以得知，當照度越大時集極電流也越大，故 I_C 之大小即可用於代表光照度的大小。因控制光電晶體所接收的照度，可以改變 I_C 大小，亦即可以控制光電晶體的導通（ON，工作於飽和區）與截止（cut-off）。

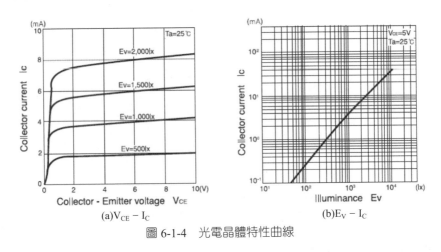

(a)$V_{CE} - I_C$　　　　　　(b)$E_V - I_C$

圖 6-1-4　光電晶體特性曲線

　　光電晶體的基本電路如圖 6-1-5 所示，從圖 (a) 可以知道 $V_{O1} = V_{CC} - I_C R_C$，當照度越大時，集極電流 I_C 也隨之變大，反而造成 V_{O1} 會下降，故稱為反相型；由圖 (b) 可以得到 $V_{O2} = I_E R_E \fallingdotseq I_C R_E$，當照度越大時，導致 V_{O2} 會增加，故稱為非反相型。

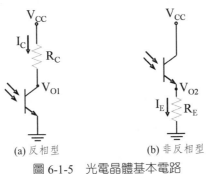

(a) 反相型　　　　　　(b) 非反相型

圖 6-1-5　光電晶體基本電路

6.1.3　光耦合器

　　不同型號的光耦合器（photocoupler）外觀如圖 6-1-6 所示，此為 dual in-line package（DIP）的封裝方式，可直接安裝於印刷電路板上，外部是耐燃的環氧樹脂，內部主要包含光發射器（例如紅外線 LED 等）與光偵測器（例如光電晶體或光達靈頓電晶體等）兩部分，並做在同一個封裝裡，故也稱為光隔離器（optical isolator），圖 6-1-7 則為不同型號光耦合器的接腳圖。當有電流通過光發射器時，會產生光源照射到光偵測器使其導通，但是在選擇光偵測器必須注意其光譜響應，才能使輸出有較佳的光電轉換特性。因光發射器與光偵測器是相互隔離，且之間有透明的環氧樹脂形成了光通道並被封裝在 IC 內部，所以光耦合器可以減少背景光源的干擾。

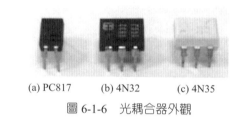

(a) PC817　　　　(b) 4N32　　　　(c) 4N35

圖 6-1-6　光耦合器外觀

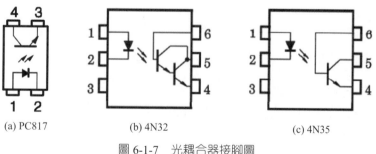

(a) PC817　　　　　(b) 4N32　　　　　(c) 4N35

圖 6-1-7　光耦合器接腳圖

　　光耦合器是常見的隔離線路雜訊的元件，當連接數位電路時，必須考量電路的輸入準位要求，才能使電路正常動作，所以光耦合器也可以當作兩個不同電壓準位的介面，並可應用於固態繼電器（solid state relay, SSR）內，以達到隔離高電壓與電力控制的目的。

6.1.4　光遮斷器與光反射器

不同型號的光遮斷器（photo interrupter）的外觀與接腳如圖 6-1-8 所示，其電路與光耦合器是相同的，光發射器與光偵測器分別以樹脂封裝並做在同一個基座上，而將兩者之間的光通道保留由使用者自行做控制，藉由光發射器光源的遮斷與否，即可控制光偵測器的導通與截止。因光發射器與光偵測器兩者以相對的型式封裝，故亦可稱為穿透式光遮斷器。由於光遮斷器具有重量輕、壽命長、可靠度高、反應速度快等優點，所以它是一種常見的光電開關，被廣泛使用於儀器設備上，例如應用於早期磁碟機上磁碟片的防寫、馬達轉速的量測、非接觸式的檢測裝置、光學尺等。但需注意若是使用可見光型式的光遮斷器時，必須設法減少外界環境光源的干擾。

(a) 外觀　　　　　　　　　　(b) 接腳名稱

圖 6-1-8　光遮斷器

光反射器之電路與光耦合器或光遮斷器相同，但光發射器與光偵測器兩者是以相對角度擺放的型式封裝，當光發射器發光碰到物體後，經反射才由光偵測器接受到光源訊號，故亦可稱為反射式光遮斷器。因藉由反射光而使得光偵測器動作，所以在使用時必須注意反射物體與光反射器之距離，在某一特定距離時，可以得到光偵測器的最大相對光電流；當距離較大時會使得相對光電流減少。此外，為避免受到環境其他光源的影響而產生誤動作，一般在光發射器與光偵測器部分會加裝光學濾鏡以隔離其他光線 [1]。

光反射器常應用於條碼掃描機，因為條碼具有黑與白的明暗條紋而使得光反射器接受到不同的反射量，根據黑與白的排列順序使得光電流亦隨之變化 [2]。因此，除了需考慮前述的距離特性之外，對於反射光的強弱也必須

加以考量。光反射器亦可應用於影印機或印表機的紙張偵測，當進紙匣有紙張時，因白色紙張的反射量較大，造成光偵測器的光電流增加；在沒有紙張時，被反射的光訊號很小，而使得光電流下降，藉此可以判斷紙匣是否有紙張。

6.1.5　光敏電阻

常見的樹脂塗裝型光敏電阻外觀如圖 6-1-9 所示，另有玻璃封裝型、金屬外殼封裝型與塑膠外殼封裝型等，它是利用光導電效應（photoconductive effect）而改變本身電阻值的半導體光感測器，以硫化鎘（CdS）、硒化鎘（CdSe）或硫化鉛（PbS）作為半導體材料，目前大部分是以硫化鎘為主，所以常用 CdS 表示光敏電阻。當光源照射到 CdS 的照度越大時，其電阻值會下降；沒有光照射時，其電阻值變大，電阻值的變化範圍會因為受光面積與材質等因素而有差異。

從光敏電阻的反應曲線可以得知，當照射到 CdS 的光源有變化時，它沒辦法立即產生反應，反應時間會較長並以 ms 為單位，所以不適用於檢出明暗或光通量快速變化的應用場合，但光源照度較大時，其反應時間會較快。CdS 可應用於電燈的自動亮滅控制以達到照明與節能目的；也可以使用於電視機的亮度調整控制或是相機的快門曝光計時控制電路、光密度計（densitometer）等。

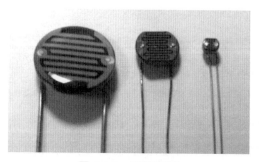

圖 6-1-9　光敏電阻

6.2　溫度感測器

　　溫度感測的技術可分為將感測器直接與待測物相互接觸的接觸式，以及利用熱輻射方式推估溫度的非接觸式兩種。溫度感測器的種類相當多，在工業應用上常見的如熱敏電阻（thermally sensitive resistance, TSR）、熱電耦（thermocouple）、電阻式溫度檢測器（resistance temperature detector, RTD）、IC 型式的 AD590 或 LM35 等。

6.2.1　熱敏電阻

　　熱敏電阻如圖 6-2-1 所示，依其外觀可分為圓板型、球珠型與晶片型等不同的形狀，它是利用粉末狀的金屬氧化物與黏著劑等經高溫燒結製作而成，然而精度較差，相對價格較為便宜。熱敏電阻可安裝於冷氣的迴風口處，以偵測室內溫度是否到達設定值；或是安裝於汽車蒸發器的出風口處，以偵測車內溫度的變化。熱敏電阻是一種電阻器，當溫度變化時其電阻值會隨之改變，依據溫度與電阻值的關係，主要可以分為以下三類：

1. 正溫度係數（positive temperature coefficient, PTC）熱敏電阻：顧名思義當溫度上升時，其電阻值會隨之增大，PTC 熱敏電阻亦稱為 Posistor，可用於功率電晶體或閘流體（thyristor）等的過熱檢出與保護。

2. 負溫度係數（negative temperature coefficient, NTC）熱敏電阻：當溫度上升時，其電阻值會隨之變小，NTC 熱敏電阻也可以稱為熱阻器（thermistor），常用於印刷基板電路之溫度補償。在使用 NTC 熱敏電阻時，必須注意熱跑脫（thermal runaway）現象，當溫度上升時會造成熱敏電阻本身的電阻值下降，而使得通過的電流增加，由於電阻的功率消耗為 $P = I^2R$，因電流以平方倍增加造成功率消耗迅速增加而產生過多的熱能，表示溫度隨之上升而使得 NTC 熱敏電阻的電阻值再度下降，電流再度增加，依此繼續循環，最後將超過 NTC 熱敏電阻的瓦特數而燒毀，此稱為熱跑脫現象 [2]。

3. 臨界溫度電阻（critical temperature resistor, CTR）：它是具有負溫度係數變化的電阻，在臨界溫度以下或以上時，溫度對其電阻值的影響很小；當溫度到達某一個特定溫度時，其電阻值會快速變小，用於檢出特定溫度範圍，在這三種之中它是較不普遍使用。

圖 6-2-1　熱敏電阻

6.2.2　熱電耦

　　熱電耦是目前工業溫度控制上常見的感測元件，如圖 6-2-2 所示，它是將兩種不同性質的金屬連接在一起而形成一個封閉的迴路，其中的一個接點稱為熱接點（hot junction），此接點是置於待測的高溫處；另一個接點稱為冷接點（cold junction），是接至低溫處做為參考接點（reference junction），圖 6-2-3 為其基本構造圖。通常在冷接點處為開路以利與指示儀錶如電壓錶相連接，而熱接點處有不同的方式結合在一起。因為兩個接點有溫度差而產生熱電動勢（electromotive force, emf），使得在迴路內產生電流的流動，由於熱能而產生電流的現象稱之為熱電效應（thermoelectric effect）或稱為席貝克（Seebeck effect），熱電耦就是依據此種效應工作。

圖 6-2-2　熱電耦

圖 6-2-3　熱電耦基本構造圖

　　市面上最常見的熱電耦如表 6-2-1，尚有其他不同的類型，而超高溫量測的 S 類型可以測量至 1750℃，它是屬於貴金屬熱電耦，正極是使用鉑銠合金，負極為鉑，其價格很貴，有很好的重現性與穩定性，熱電動勢的靈敏度為 9μV/℃。在國際適用的溫度標準中，於溫度 630.74 ～ 1064.43℃的範圍內是用它做標準儀器。

表6-2-1　常見的熱電耦類型

熱電耦類　型	量測溫度範圍（℃）	說　明	材料（正極／負極）
type T	−160～400	T類型的熱電耦主要是使用在低溫量測，在價格不算高的條件下，其線性度尚屬良好。熱電動勢的靈敏度為43μV/℃。當測溫器與熱電耦的距離很長時，為確保量測之精度，故補償導線必須與熱電耦有相同的熱電特性。	銅／銅鎳合金
type J	0～760	J類型的熱電耦主要是使用在中溫量測，其線性度良好，熱電動勢較其他兩類型大，靈敏度為52μV/℃，其缺點是高溫度時因鐵元素的限制而量測到700～800℃。	鐵／銅鎳合金
type K	0～1370	K類型的熱電耦主要是使用在高溫量測，其價格較貴，線性度良好，熱電動勢的靈敏度為41μV/℃。	鎳鉻合金／鎳鋁合金

6.2.3　電阻式溫度檢測器

　　電阻式溫度偵測器（RTD）如圖 6-2-4 所示，它是利用金屬細線繞製而成，金屬的溫度係數為正，當溫度變化時電阻值會變大，故 RTD 具有正溫度係數。它所使用的材質有白金、銅、鎳等金屬或合金，而以白金（鉑）金屬細線繞製而成的 RTD 具有最佳的安定性與最高的精確度。在 0℃ 時電阻值為 100Ω 的白金 RTD，被視為各類金屬 RTD 的標準規格，故簡稱為 Pt100。白金 RTD 的線性度比銅或鎳等金屬材質的 RTD 還要好，可用於量測 −200 ～ 600℃ 的溫度範圍內。但是在 −200 ～ −100℃ 時，它的溫度係數較大；−100 ～ 300℃ 時具有良好的線性度；300℃ 以上時，溫度係數稍微小一點。所以使用於低溫或高溫量測時，須對此非線性問題適當補償。使用 Pt100 的 RTD 時，不能使通過 Pt100 的電流過大或過小，電流過大時會造成自體發熱；電流過小時容易受雜訊的干擾，一般使通過的電流在 0.5 ～ 2mA。

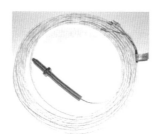

圖 6-2-4　Pt100 電阻式溫度檢測器

　　由於 Pt100 電阻式溫度檢測器其每℃電阻的變化量，具有相當良好的線性特性，故圖 6-2-5 所示是利用 Pt100 RTD 以量測工具機主軸溫度之安裝示意圖 [3]，為了取得較接近主軸內部溫度並減少外界環境影響，因此將 Pt100 RTD 放置於主軸壁內以接觸主軸之表面，再經由溫度轉換器將取得的電流值轉換成電壓訊號。

圖 6-2-5　Pt100 RTD 量測主軸溫度之安裝示意圖

6.2.4　感溫IC AD590與LM35

　　圖 6-2-6 為 AD590 的外觀與內部等效電路結構圖，一般是使用正極與負極這兩根接腳，AD590 會隨著所感測的溫度而改變輸出的電流大小，因輸出為電流訊號，故可使用較長的導線也不會引起電壓降而產生誤差，適用於長距離的溫度偵測。圖 6-2-7 為 AD590 的特性曲線圖，從圖 (a) 的工作電壓對輸出電流的特性曲線可以得知，當工作電壓為 4 ～ 30 伏特時並不會影響輸出電流的大小；圖 (b) 顯示 AD590 具有準確的線性電流輸出，容易使用，不需使用電橋電路。

從 AD590 的各項參數資料表 [4] 可以得知：

1. 工作電壓範圍：4 ～ 30 伏特。

2. 在 25℃時的輸出電流標稱值：298.2μA。

3. 溫度係數：1μA/°K 或 1μA/℃。

4. 測溫範圍：−55 ～ 150℃

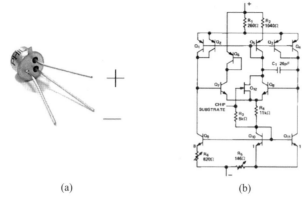

(a)   (b)

圖 6-2-6　AD590：(a) 外觀；(b) 等效電路結構圖 [4]

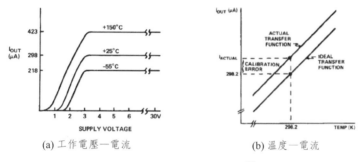

(a) 工作電壓─電流   (b) 溫度─電流

圖 6-2-7　AD590 特性曲線 [4]

　　雖然 AD590 的工作電壓範圍為 4 ～ 30 伏特，但不同的工作電壓對輸出
的端電流仍有影響，只是影響是非常微小，如表 6-2-2 所示。從表中可以得
知，在使用 AD590 時，工作電壓最好選擇 15 ～ 30V，此時電壓的變動對端
電流的影響最小。

表6-2-2　工作電壓對端電流的變化量

工作電壓（V）	端電流的變化量（μA/V）
4～5	0.5
5～15	0.2
15～30	0.1

在 25℃時，AD590 輸出的端電流為 298.2μA，則 0℃時的端電流為：

$$I(0℃) = I(25℃) - 1μA/℃×25℃ = 273.2(μA)$$

若以 0℃時的端電流作為基準，則 AD590 感測到 T℃時所輸出的端電流可以表示為：

$$I(T℃) = I(0℃) + 1μA/℃×T℃ = 273.2 + T(μA)$$

由於 AD590 的輸出為電流訊號，一般會將 AD590 的負極連接至一個精密電阻 R，在此精密電阻兩端即可產生一個電壓降，圖 6-2-8 所示為電流轉換成電壓的電路圖，測量精密電阻兩端的電壓大小 V(T) 即可推得溫度的大小，若電阻的單位為歐姆時，則 V(T) 可以表示為：

$$V(T) = I(T)×R = (273.2 + T)×R(μV)$$

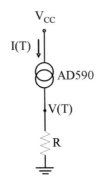

圖 6-2-8　AD590 電流—電壓的轉換電路圖

上述的 AD590 輸出為電流訊號，而另一種感溫元件 LM35 如圖 6-2-9 所示，它是三根接腳的溫度感測器，會隨著溫度高低而改變它的端電壓，其電壓的溫度係數為 10mV/℃。LM35 系列的感溫元件，因輸出即為電壓訊號，所以不需要額外的轉換電路，在使用上相當便利。另有 LM34 系列的感

溫元件，適用於華氏溫度的量測；LM135、LM235、LM335 系列的感溫元
件，則用於絕對溫度的量測。

圖 6-2-9　LM35 感溫元件

6.3　磁性感測元件

6.3.1　霍爾元件

　　將一個帶有電流之半導體材料置於磁場中，在垂直於電流與磁場的方
向上會感應出一個電場，此現象稱之為霍爾效應（Hall effect），它可以用
於判斷半導體材料為 P 型或 N 型並可以出計算半導體材料的多數載子濃
度，若傳導率（conductivity）為已知時，則可以決定多數載子的移動率
（mobility）。霍爾電壓 V_H 與電場或磁場成正比關係，而霍爾元件（Hall
element）即依據霍爾效應所形成的霍爾電壓所製成的，故它可以用於偵測
磁通密度的大小。

　　霍爾感測元件基本上是四端的元件，主要材質為砷化鎵或銻化銦，其他
還有矽或鍺，以砷化鎵所製作出來的具有較佳的線性度、溫度係數較小等特
性。我們可以採用定電壓或定電流的方式驅動霍爾元件，然而使用定電流驅
動方式受溫度的影響會較小，所以霍爾感測電路大部分是採用定電流驅動。
一般它所輸出的霍爾電壓約為數百 mV，所以在輸出端常利用運算放大器所
構成的差值放大器或儀器放大器電路將 V_H 訊號加以放大。從圖 6-3-1 可以
得知當磁通密度或控制電流較大時，所測量到的霍爾電壓也較大。霍爾感測

元件可以應用於交流／直流電流計、高斯計（Gauss meter）、電力計、電流鉤錶等檢測儀器方面。

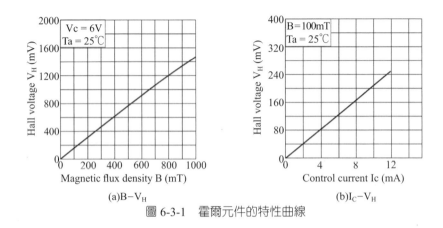

(a)B－V_H　　　　　　　(b)I_C－V_H

圖 6-3-1　霍爾元件的特性曲線

6.3.2　霍爾IC

　　圖 6-3-2 所示為霍爾 IC 的外觀與內部方塊圖，它是利用霍爾效應所製成的整合性 IC，就是將霍爾感測元件與一些轉換電路（包含放大器、史密特觸發器、穩壓電路、輸出級電路）做在同一個封裝內。DN6851 是一個開關型（ON-OFF type）的霍爾 IC，具有三根接腳，從磁通密度對輸出電壓的轉換特性圖 [5] 可以知道，當磁場方向改變時，其輸出的電壓大小也會隨之變化，所以此霍爾 IC 可以用偵測磁極為 N 極或 S 極，這在無刷直流馬達用的相當多。此外，它還可以應用於位置感測器、速度感測器、鍵盤開關與微開關方面。

(a) 外觀

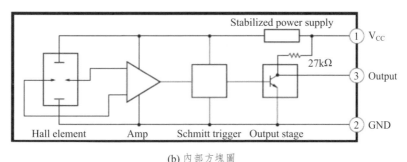

(b) 內部方塊圖

圖 6-3-2 DN6851 霍爾 IC[5]

6.4 速度感測器

6.4.1 轉速發電機

轉速發電機（tacho generator, TG）是工業界常用的速度感測器，裝置於馬達上，可分為直流型與交流型，這兩型的差異在於波形不同，前者是直流電壓訊號而後者為交流電壓訊號。直流型的電壓振幅大小與轉速成正比關係，而從轉速發電機所輸出的電壓極性可以用於判別馬達的旋轉方向，在使用上相當方便，表 6-4-1 為直流型轉速發電機的輸出特性，而每一家廠商所生產的轉速發電機其輸出特性會有些差異。交流型轉速發電機的輸出頻率與轉速成正比，此類轉速發電機也稱為發電機頻率（frequency generator, FG），所以它的輸出須經由頻率／電壓的轉換器就可測得速度[1]。轉速發電機常應用於伺服控制系統中，作為將速度訊號回授至輸入端的感測器，以提升伺服系統的控制性能。

表6-4-1　直流型轉速發電機的輸出特性

輸出電壓	3V/1000rpm
內部電阻	270歐姆
線性度	0.1% max.
漣波	直流輸出電壓均方根值的5%
雙向輸出	輸出標稱值的0.5%
溫度係數	0.05%/°C

6.4.2　轉速計

轉速計（tachometer）內有紅外線的光發射器，主要是在待測物體貼上反射膠帶，當待測物體每旋轉一圈時會在相同的位置上使光源反射至轉速計內的光偵測器上，並藉由計數所產生的脈波數即可計算出待測物的轉速，此即為非接觸式轉速計。另一種為接觸式轉速計，這種較傳統的量測方式在量測過程中需仰賴接觸壓力，轉速計內部的感測器接收到的數據資料，還需經過內部的計算以得到轉速，適用於較低轉速的量測，並不適合應用於較細微物體的轉速量測。目前市面上已具有非接觸式與接觸式兩用型的轉速計。

6.5　感測元件應用電路

6.5.1　光電晶體應用電路

圖 6-5-1 為利用光電晶體以控制 LED 亮滅的電路 [6]，其中可變電阻 VR 用於設定在多大的照度下可使得光電晶體 Q_1 作動，當 VR 的電阻調至較大且在足夠的照度下，Q_1 會飽和使得 V_1 為低電位。

R_2、R_3、C_2 與左邊的兩個反及閘（NAND gate）形成一個震盪電路，而震盪頻率則取決於 R_2、R_3、C_2 的大小值，右邊的兩個反及閘如同反閘（NOT gate）的作用。

從圖 6-1-5(a) 可以得知，當 Q_1 受到光的照射時（模擬白天光線夠亮的情境），V_1 會是低電位（小於 0.3 伏特），此時震盪電路不會作用，使得 V_2 為低電位（約為 0 伏特），而 V_3 亦為低電位（約為 0 伏特），導致 NPN 的電晶體 Q_2 與 Q_3 都截止，所以 LED 不會亮。

當 Q_1 未受光時（模擬晚上光線不足的情境），V_1 會是高電位，此時震盪電路會產生作用而輸出方波訊號，使得 V_2 與 V_3 為高低準位變化的訊號。當 V_3 是低電位（約為 0 伏特）時，NPN 電晶體 Q_2 與 Q_3 都截止，LED 不會亮；當 V_3 是高電位（約為 8.8 伏特）時，NPN 電晶體 Q_2 與 Q_3 都導通，LED 會亮，所以可以看到 LED 會一直閃爍，閃爍速度的快慢是由 R_2、R_3、C_2 的值所決定。當 $R_2 = R_3 = 33K\Omega$、$C_2 = 1\mu F$ 時，可以利用示波器觀測 V_2 為方波訊號，其頻率約為 10Hz；若將 R_2 與 R_3 改為 $1M\Omega$ 時，則 V_2 方波訊號的頻率約為 0.5Hz，表示 LED 在 1 分鐘內大約會亮 30 次。

電路裡的零件參考值或編號為：$R_1 = 100K\Omega$、$R_2 = R_3 = 1M\Omega$、$R_4 = 51K\Omega$、$R_5 = 300\Omega$、VR = 50KΩ、陶瓷電容器 $C_1 = 0.01\mu F$、電解質電容器 $C_2 = 1\mu F$、反及閘編號為 CD4011BE、NPN 電晶體編號為 S9013。

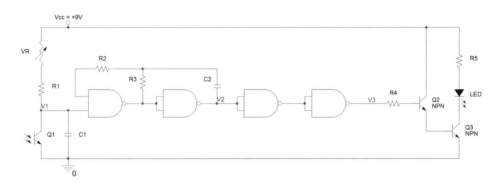

圖 6-5-1　光電晶體控制 LED 亮滅電路

6.5.2　光敏電阻應用電路

圖 6-5-2 是使用光敏電阻控制燈泡亮滅的電路 [7]，其中 Q_1、Q_2 與 R_1 ～ R_6 構成史密特電路，即 Q_1 導通時 Q_2 會截止；當 Q_1 截止時 Q_2 會導通。

當 CdS 受到光的照射時（模擬白天光線夠亮的情境），CdS 兩端的電阻值較小，CdS 兩端的電阻與可變電阻 VR 做分壓後，V_1 的電壓較小，此時 Q_1 截止而 Q_2 會導通，使得 V_2 為低電位，再經過 R_7 與 R_8 的分壓後，V_3 無法觸發矽控整流器（silicon controlled rectifier, SCR），所以 SCR 的陽極（A）與陰極（K）之間並不會導通，此時燈泡不會亮。

當 CdS 未受光時（模擬晚上光線不足的情境），CdS 兩端的電阻值較大，經過與可變電阻 VR 做分壓後，V_2 的電壓較大，此時 Q_1 導通而 Q_2 會截止，使得 V_2 為高電位，再經過 R_7 與 R_8 的分壓後，V_3 足以觸發矽控整流器 SCR 使其導通，此時燈泡會亮。電路圖中所示的接地符號意指共同端，須與交流電源其中的一端相互連接在一起。

電路裡的零件參考值或編號為：$R_1 = 4.7K\Omega$、$R_2 = 2.2K\Omega$、$R_3 = 5.6K\Omega$、$R_4 = 10K\Omega$、$R_5 = 1K\Omega$、$R_6 = 100\Omega$、$R_7 = 6.8K\Omega$、$R_8 = 2.7K\Omega$、$R_9 = R_{10} = 20K\Omega(0.5W)$、VR $= 100K\Omega$、電解質電容器 $C_1 = 470\mu F$（耐壓 16V）、二極體 D_1 選擇崩潰電壓為 200 伏特的 1N4003、基納二極體 ZD 選擇崩潰電壓為 6.2V（0.5W）、SCR 編號為 2P4M、NPN 電晶體編號為 S9013、CdS 選擇直徑為 5mm 或 10mm 皆可。

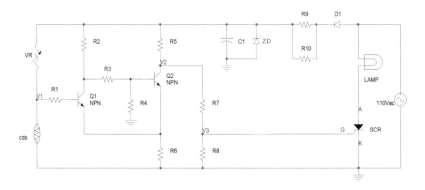

圖 6-5-2　光敏電阻控制燈泡亮滅電路

6.5.3　熱敏電阻應用電路

　　圖 6-5-3 是使用熱敏電阻控制燈泡亮滅的電路，利用燈泡的亮滅來模擬加熱器的加熱與否。在電路接好之後，首先使用三用電錶測量 V_1 與 V_2 的電壓值，然後調整可變電阻 VR 使得 V_2 的電壓值略小於 V_1。

　　因為 V_1 大於 V_2，表示電壓比較器 LM311 第 2 根接腳的電壓大於第 3 根接腳的電壓，所以 LM311 的輸出端 V_3 為正飽和電壓（高電位），此時 LED 會熄滅，PNP 電晶體會截止，導致 NPN 電晶體也跟著截止，因此不會有電流通過繼電器的激磁線圈，所以繼電器的接點狀態並未改變，因燈泡原本是連接到常閉（N.C.）與共同（COM）接點而使得燈泡會亮（模擬加熱器加熱的動作）。

　　此時可以設法讓熱敏電阻感測到溫度上升，因熱敏電阻具有 NTC 特性，所以溫度上升時本身的電阻值會下降，經分壓後將使得 V_1 小於 V_2，表示 LM311 第 2 根接腳的電壓小於第 3 根接腳的電壓，所以 LM311 的輸出端 V_3 為負飽和電壓（低電位），此時 LED 的陽極電壓比陰極電壓還要大而發光，PNP 電晶體會導通，導致 NPN 電晶體也跟著導通，因此有電流通過繼電器的激磁線圈，其接點狀態會改變，因燈泡原本是連接到常閉（N.C.）與共同（COM）接點而使得燈泡熄滅（模擬 NTC 熱敏電阻感測到的溫度已到達設定值，加熱器不需要繼續做加熱的動作）。

　　電路裡的零件參考值或編號為：$R_1 = 15K\Omega$、$R_2 = R_3 = R_4 = R_8 = R_{10} = 1K\Omega$、$R_5 = R_6 = R_9 = 10K\Omega$、$R_7 = 100K\Omega$、$R_{11} = 3.3K\Omega$、$VR = 10K\Omega$、二極體 D_1 與 D_2 選擇崩潰電壓為 50 伏特的 1N4001、PNP 電晶體編號為 S9012、NPN 電晶體編號為 S9013、繼電器選用線圈額定電壓 DC12V。

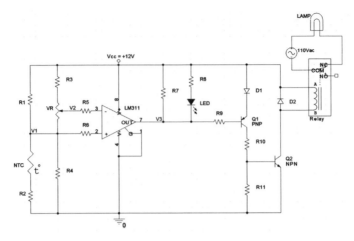

圖 6-5-3　熱敏電阻控制燈泡亮滅電路

6.5.4　AD590應用電路

　　圖 6-5-4 是使用 AD590 做為溫度感測器，此電路與圖 6-5-3 類似，利用燈泡的亮滅來模擬加熱器的加熱與否。從 6.2.4 節可以知道電路中的電壓 V_1 = (273.2 + T)$\times R_1$(μV)，若 R_1 為 10KΩ，表示當 AD590 感測到的溫度 T 低於 $10^6 V_{ref}/10^4$-273.2 時，電壓比較器 LM311 第 2 根接腳的電壓小於第 3 根接腳的電壓，所以 LM311 的輸出端 V_2 為負飽和電壓（低電位），此時 LED 的陽極電壓比陰極電壓還要大而發光，PNP 電晶體會導通，導致 NPN 電晶體也跟著導通，因此有電流通過繼電器的激磁線圈，其接點狀態會改變，因燈泡原本是連接到常開（N.O.）與共同（COM）接點而使得燈泡會亮（模擬加熱器加熱的動作）。

　　當 AD590 感測到的溫度 T 超過 $10^6 V_{ref}/10^4$-273.2 時，電壓比較器 LM311 第 2 根接腳的電壓大於第 3 根接腳的電壓，所以 LM311 的輸出端 V_2 為正飽和電壓（高電位），此時 LED 會熄滅，PNP 電晶體會截止，導致 NPN 電晶體也跟著截止，因此不會有電流通過繼電器的激磁線圈，所以繼電器的接點狀態並未改變，因燈泡原本是連接到常開（N.O.）與共同

（COM）接點而使得燈泡會熄滅（模擬溫度已到達設定值，加熱器不需要繼續做加熱的動作）。

電路裡的零件參考值或編號為：精密電阻 $R_1 = 10K\Omega$、$R_2 = R_3 = R_6 = 10K\Omega$、$R_4 = 100K\Omega$、$R_5 = R_7 = 1K\Omega$、$R_8 = 3.3K\Omega$、二極體 D_1 與 D_2 選擇崩潰電壓為 50 伏特的 1N4001、PNP 電晶體編號為 S9012、NPN 電晶體編號為 S9013、繼電器選用線圈額定電壓 DC12V。

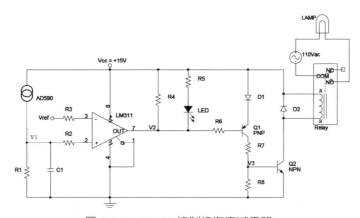

圖 6-5-4　AD590 控制燈泡亮滅電路

參考書目

1. 陳瑞和，「感測器」，全華書局，民國 97 年 9 月。

2. 盧明智、盧鵬任，「感測器應用與線路分析」，全華書局，民國 100 年 7月。

3. 鍾德興，「五軸工具磨床主軸之軸心平行度檢測及熱變位自動補償系統建構」，國立雲林科技大學機械工程研究所碩士論文，民國 101 年 6 月。

4. http://www.analog.com/

5. http://panasonic.co.jp/

6. 張榮洲，「數位電路 DIY」，全華書局，民國 92 年 8 月。

7. 蔡朝洋，「電子電路實作技術」，全華書局，民國 100 年 1 月。

第七章

光學影像系統元件

作者　林宸生

7.1　光學轉移矩陣與視覺取像基本設計

當光線通過一區間時，假設光線進入區間前入射角為 θ_1，入射之高度為 y_1，且離開區間後出射角為 θ_2，出射之高度為 y_2，因此可將其互相之關係 [1] 以下式表示：

$$y_2 = Ay_1 + B\theta_1$$
$$\theta_2 = Cy_1 + D\theta_1$$

上式可以一個轉移矩陣表示為：

$$\begin{bmatrix} A & B \\ C & D \end{bmatrix} \begin{bmatrix} y_1 \\ \theta_1 \end{bmatrix}$$

以下將介紹在當光線遇到各種不同介質時的轉移矩陣。

7.1.1　光線遇另一介質反射的情況

反射是指入射光反回原介質的情形（圖 7-1-1），

反射定律可以用下列三原則來解釋：

①入射線、反射線與法線同一平面。

②入射線與反射線在法線的兩側。

③入射角等於反射角。

當光線遇另一介質反射時，由於 $y_2 = y_1$ 且 $\theta_2 = \theta_1$，因此轉移矩陣可寫為：

$$M = \begin{bmatrix} 1 & 0 \\ 0 & 1 \end{bmatrix}$$

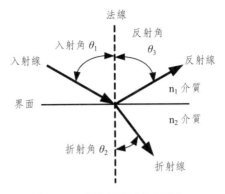

圖 7-1-1　折射與反射示意圖

7.1.2　光線遇另一介質折射的情況

折射定律又稱為斯奈耳定律（Snell's law），即 $n_1 \sin\theta_1 = n_2 \sin\theta_2$。其中 n_1、n_2 為介質折射率。

轉移矩陣可寫為：

$$M \begin{bmatrix} 1 & 0 \\ 0 & \dfrac{n_1}{n_2} \end{bmatrix}$$

7.1.3　光線通過一平行區間

當光線通過一平行區間（圖 7-1-2），區間外介質為空氣而其中間為折射率為 n 之介質時，由於 $y_2 = y_1 + \theta_1 d/n$ 且 $\theta_2 = \theta_1$，因此轉移矩陣可寫為：

$$M = \begin{bmatrix} 1 & d/n \\ 0 & 1 \end{bmatrix}$$

當平行區間之中間介質為空氣或區間外介質與中間介質相同時，因此轉移矩陣退化為：

$$M = \begin{bmatrix} 1 & d \\ 0 & 1 \end{bmatrix}$$

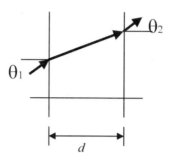

圖 7-1-2 光線通過一平行區間時之情形

7.1.4 光線遇一透鏡的情況

如圖 7-1-3 所示，當光線遇一透鏡時，由於 $y_2 = y_1$ 且 $\theta_2 = \theta_1 - y_1/f$，因此轉移矩陣可寫為：

$$M = \begin{bmatrix} 1 & 0 \\ -\dfrac{1}{f} & 1 \end{bmatrix}$$

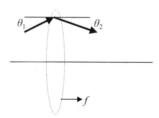

圖 7-1-3 光線經過透鏡時之折曲情形

其中 f 為焦距，可參考造鏡者公式 $\dfrac{1}{f} = \left(\dfrac{n_2}{n_1} - 1 \right)\left(\dfrac{1}{R_1} - \dfrac{1}{R_2} \right)$。

上式中 R_1、R_2 為透鏡前後輪廓之曲率半徑，注意在此當曲線為凸形時

R_1、R_2 取正值,當曲線為凹形時 R_1、R_2 取負值。n_1、n_2 為透鏡外部與內部之折射率,當 $n_1 = 1$ 可得:

$$\frac{1}{f} = (n-1)\left(\frac{1}{R_1} - \frac{1}{R_2}\right)$$

7.1.5 光線遇一球面反射鏡的情況

當光線遇一反射鏡時(圖 7-1-4),由於 $y_2 = y_1$ 且 $\theta_2 = \theta_1 + 2y_1/R$,因此轉移矩陣可寫為

$$M = \begin{bmatrix} 1 & 0 \\ \dfrac{2}{R} & 1 \end{bmatrix}$$

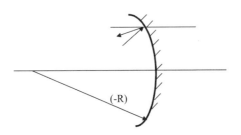

圖 7-1-4　光線遇球面鏡反射時之情形

至於為何 $\theta_2 = \theta_1 + 2y_1/R$ 呢?我們在此解釋如下:

當 θ_2、θ_1 都很小時,見圖 7-1-5。

$$\theta_2 = \sin\theta_2 = \frac{y}{z_2}$$

$$\theta_0 = \sin\theta_0 = \frac{y}{R}$$

$$\theta_1 = \sin\theta_1 = \frac{y}{z_1}$$

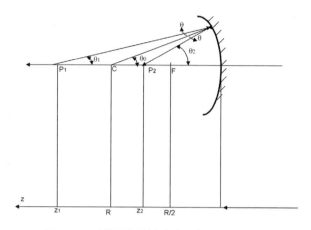

圖 7-1-5　球面鏡反射時之幾何關係

$$\theta_2 = \frac{y}{z_2}$$

$$\theta_1 = \frac{y}{z_1}$$

$$\theta_2 = \theta_1 + 2\theta$$

$$\theta_0 = \theta_1 + \theta$$

代入得

$$\theta_2 = \theta_1 + 2(\theta_0 - \theta_1)$$

$$= 2\theta_0 - \theta_1$$

亦即 $\theta_1 + \theta_2 = 2\theta_0$

代入得

$$\frac{y}{z_1} + \frac{y}{z_2} = \frac{2y}{R}$$

兩邊消去 y 得

$$\frac{1}{z_1} + \frac{1}{z_2} = \frac{2}{R}$$

但

$$f = \frac{2}{R}$$

亦即

$$\frac{1}{z_1} + \frac{1}{z_2} = \frac{1}{f}$$

注意：在此當曲線為凸形時 R 取正值，當曲線為凹形時 R 取負值。

7.1.6　光線遇一球面的情況

當光線遇一球面時轉移矩陣可寫為：

$$M = \begin{bmatrix} 1 & 0 \\ -\dfrac{(n_2 - n_1)}{n_2 R} & \dfrac{n_1}{n_2} \end{bmatrix}$$

如圖 7-1-6 所示為光線遇透鏡折射時之情形 [2]，分析如下：

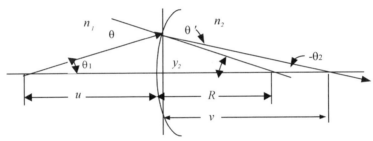

圖 7-1-6　光線遇透鏡折射時之情形

$$\theta = \theta_1 + \frac{y_1}{R}$$

$$\frac{y_1}{R} = \theta' + \frac{y_1}{v}$$

$$\frac{y_1}{u} = \theta_1$$

$$\frac{y_1}{v} = -\theta_2$$

$$\theta' = \frac{y_1}{R} + \theta_2$$

$$n_1\theta = n_2\theta'$$

$$n_1\left(\theta_1 + \frac{y_1}{R}\right) = n_2\left(\frac{y_1}{R} + \theta_2\right)$$

$$\theta_2 = \frac{n_1}{n_2}\theta_1 - y_1\frac{(n_2-n_1)}{n_2R}$$

由於 $y_2 = y_1$ 且 $\theta_2 = \frac{n_1}{n_2}\theta_1 - y_1\frac{(n_2-n_1)}{n_2R}$ ，因此轉移矩陣可寫為：

$$M = \begin{bmatrix} 1 & 0 \\ -\dfrac{(n_2-n_1)}{n_2R} & \dfrac{n_1}{n_2} \end{bmatrix}$$

光學元件的組合（圖 7-1-7）可以將所有的轉移矩陣連乘而得新的光學轉移矩陣，其互相之關係如下式所示：

$$M = M_N\cdots M_2 M_1$$

圖 7-1-7 光學元件的組合

組合透鏡的焦距計算如下式所示：

$$f = -\frac{1}{M[2,1]}$$

假設一平行光線以高度為 d，角度為 θ 入射至光學影像系統，則出射光的高度和角度的關係如下：

$$\begin{bmatrix} d_1 \\ \theta_1 \end{bmatrix} = M\begin{bmatrix} A & B \\ C & D \end{bmatrix}\begin{bmatrix} d \\ \theta \end{bmatrix}$$

其中 d_1 為出射光線高度，θ_1 為出射角度。則焦點至光學影像系統中心的距離 L 為：

$$L = -\frac{d_1}{\theta_1}$$

光學影像系統組合透鏡的焦點與主平面的關係則如圖 7-1-8 所示，其中

P、P' 為基點，H 為第一主平面，H' 為第二主平面，F 為前焦點，F' 為後焦點。平行光線以高度為 d，角度為 θ 進到第一主平面及第二主平面，由第二主平面射出並匯聚於焦點 F' 上，此時離開透鏡的高度為 d_1，角度為 θ_1。第二主平面至焦點 F' 的距離稱為有效焦距（Effective Focal Length, EFL），則鏡心至第二主平面 H' 的距離為 EFL-L。

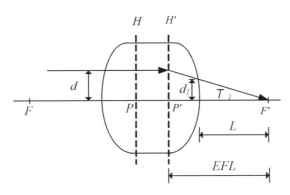

圖 7-1-8　焦點與主平面關係圖

接下去我們來看看在不同的情況下轉移矩陣將會變成怎樣的型態：在此先將光線入射二不同介質的交面時，所發生反射及折射現象作一介紹。

當透鏡厚度遠小於此透鏡系統的其它尺寸時，稱為薄透鏡。此時透鏡系統的特性僅與其曲率半徑及折射率有關。如圖 7-1-9 為薄透鏡成像示意圖。

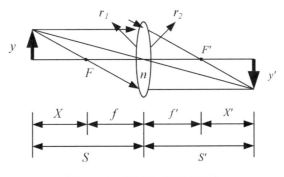

圖 7-1-9　薄透鏡成像示意圖

$$\frac{1}{f} + \frac{1}{S} = \frac{1}{S'} \quad \text{高斯成像公式}$$

$$\frac{1}{f} = (n-1)\left(\frac{1}{r_1} - \frac{1}{r_2}\right) \quad \text{造鏡者公式}$$

$$m = \frac{y'}{y} = \frac{S'}{S} \quad \text{放大率}$$

$$p = \frac{1}{f}$$

$$\frac{1}{f} = \frac{1}{f_1} + \frac{1}{f_2} \quad \text{兩接觸薄透鏡組合焦距公式}$$

$$p = p_1 + p_2$$

其中 f 為焦距，S 為物到薄透鏡距離，S' 為像到薄透鏡距離，X 為到物薄透鏡焦點 F 距離，X' 為像到薄透鏡焦點 F' 距離，r_1、r_2 為透鏡的曲率半徑；會聚透鏡 f 為負；高度在光軸上方為正（$y > 0$），高度在光軸下方為負（$y < 0$）；曲率半徑在右邊為正，曲率半徑在左邊為負；距離在參考點右邊為正（$S', X' > 0$），距離在參考點左邊為負（$S, X < 0$）。

相對於忽略透鏡厚度的薄透鏡而言，真實透鏡係將透鏡厚度也考慮進去，也就是所謂的厚透鏡。如圖 7-1-10 厚透鏡成像示意圖，其中，H 及 H' 分別為第一主點及第二主點，n、n'、n'' 分別為物空間、厚透鏡、像空間的折射率，r_1、r_2 為透鏡的曲率半徑。各相關公式如下：

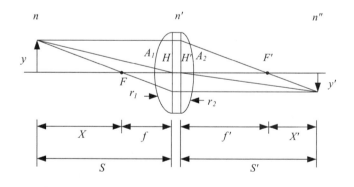

圖 7-1-10　厚透鏡成像示意圖

$$\frac{n}{f_1} = \frac{n'}{f_1'} = \frac{n'-n}{r_1} \quad \text{一鏡面焦距}$$

$$\frac{n'}{f_2'} = \frac{n''}{f_2''} = \frac{n''-n'}{r_2}$$

$$\frac{n}{f} = (n'-n)\left[\frac{1}{r_1} - \frac{1}{r_2} + \frac{(n'-n)t_c}{n'r_1r_2}\right] \quad t_c \text{ 是厚透鏡中心厚度}$$

$$XX' = -f^2 \quad \text{牛頓式}$$

$$M = \frac{S''}{S} = \frac{y''}{y} \quad \text{高斯式}$$

$$P_m = \frac{n_m}{f_m}$$

$$\frac{n}{f} = \frac{n''}{f''} \quad \text{不同介質焦距的變化}$$

$$M = \frac{S''}{S} = \frac{y''}{y} \quad \text{放大率}$$

例 7-1-1　有一圓球透鏡如下

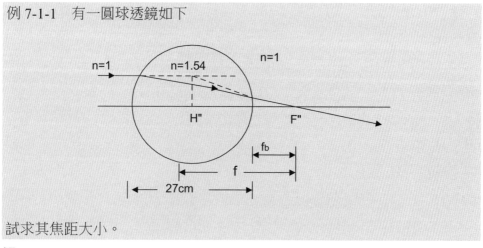

試求其焦距大小。

解：

m1 = [1　0

　　　−(1.54 − 1)/(1.54*13.5)1/1.54];

m2 = [1　27

　　　0　1];

m3 = [1　0

$(1 - 1.54)/(1*13.5)$ $1.54/1];$

mt = m3*m2*m1;

f = $-1/$mt(2,1)

由此即可求出透鏡之焦距大小為

f = 19.2500

例 7-1-2　有一透鏡系統如下

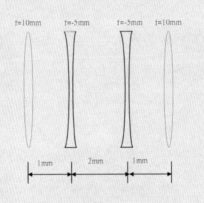

試求其焦距大小。

解：

m1 = [1   0

　　　-0.1   1];

m2 = [1   1

　　　0   1];

m3 = [1   0

　　　.2   1];

m4 = [1   2

　　　0   1];

m5 = [1   0

　　　.2   1];

m6 = [1　1

　　　0　1];

m7 = [1　0

　　　−0.1　1];

mt = m7*m6*m5*m4*m3*m2*m1;

f = 1/-mt(2,1)

　　　只要短短幾行即可求出透鏡系統之焦距大小為：

f = 6.3776

例 7-1-3　試以光學轉移矩陣推導薄透鏡之屈光能力（power，屈光能力 = 1/ 焦距 = 1/f，其單位是 diopters...1/ 公尺，或 1/m）。

解：

M1 = [1　0

　　　−P1　1]

M2 = [1　0

　　　0　1]

M3 = [1　0

　　　−P2　1]

Mt = M3*M2*M1

　= [1　0

−(P1 + P2)　1]

P = P1 + P2

　= (n' − n)/r$_1$ + (n'' − n')/r$_2$

例 7-1-4　試以光學轉移矩陣推導透鏡厚度為 d 之屈光能力。

解：

M1 = [1　0

　　　　　　−P1　1]

M2 = [1　0

　　　　d　1]

M3 = [1　0

　　　　−P2　1]

Mt = M3*M2*M1

　= [1　0

　　−(P1 + P2-dP1P2)　1]

P = P1 + P2 − dP1P2

7.2　CCD攝影機與感測元件

　　電荷藕合元件 CCD（Charge-Coupled Device）是一種矽基固態影像感測元件，其形狀為一維線形或二維面形的高密度點素陣列，具有高感度、低雜訊（Low Noise），動態範圍廣（High Dynamic Range）、良好的線性特性（Linearity）、高光子轉換效率（High Quantum Efficiency）、大面積偵測（Large Field of View）能力、光譜響應廣（Broad Spectral Response）、低影像失真（Low Image Distortion）、體積小、重量輕、低耗電力、不受強電磁場影響、可大量生產、品質穩定、堅固、不易老化、使用方便及保養容易等諸多優點 [3-4]。

　　互補性金屬氧化物半導體（Complementary Metal Oxide Semiconductor, CMOS）也是一種影像感測器元件，具有低耗電、低成本、與半導體產業技術高整合度的優點，但也有靈敏度較差、動態範圍小、低照度下易產生雜訊、畫質呈現不佳等缺點。電荷藕合元件和互補性金屬氧化物半導體比起來，雜訊低而光響應快的優點更為凸顯，因此許多高品質的影像感測器都採用電荷藕合元件。

　　攝影機之 CCD 感測晶片同樣的沿襲攝像管的作法，其成像裝置大小可

分為 1 英吋、2/3 英吋、1/2 英吋或 1/3 英吋，如圖 7-2-1 所示。值得留意的是其實際尺寸大小已經與表面上的尺寸稱呼無關了，例如 1 英吋成像裝置大小長 12.8mm 約 1/2 英吋，寬為 9.6mm，而對角線長 16mm。在鏡頭設計上，由於透鏡形狀為圓形，因此成像裝置大小我們特別關心的是對角線長，它與圓形透鏡的直徑互相對應，如圖 7-2-2 所示。

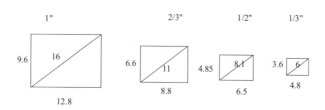

圖 7-2-1　CCD 感測晶片之成像裝置大小

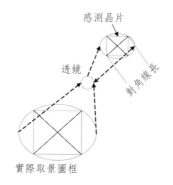

圖 7-2-2　CCD 感測晶片對角線長與圓形透鏡的直徑互相對應

　　如圖 7-2-3 所示，CCD 攝影機電荷耦合元件蒐集光訊號的過程可想像為水滴的聚集情形。若在 CCD 之 MOS 型感光元件之電極上加一個正電壓（通常 10 到 15V），則會在 CCD 矽基板表面產生一個正電位，這個正電位即為電位井，電極上所加之正電壓越大，電位井就越深，而對電子的吸引力也就越大 [5]。電位井就好像水盆集水一般，當電位井裝滿電子時，其電壓亦飽和為零，而無法再吸引電子流入。因為 CCD 電荷耦合元件可將信號一步一步地的往外傳，因此早期的電腦在移位暫存器硬體裝置方面，就曾經利用

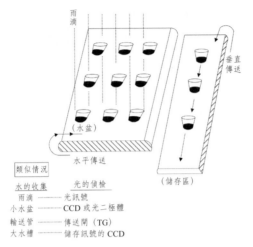

圖 7-2-3　CCD 攝影機蒐集光訊號的過程

CCD 電荷耦合元件的這項功能，而在電腦裝有電荷耦合元件。當 CCD 電荷耦合元件前一信號輸出後，在下一個信號電荷到達之前，負責重置（Reset）的閘極就會打開，將前一個信號電荷殘餘量清除掉，此時浮接電容又恢復為參考電位，等待下一個信號電荷的移入 [6]。

　　人眼的明視距離為 25cm，通常在這個距離下人眼可以舒適的工作。如果物體太近或太遠，都會造成容易疲倦的後果。對於 CCD 攝影機而言，通常物距在 10cm 到 10m 都很常見，如果距離較近，則被攝影的物體解析度可以提高，如果距離較遠，則可以涵蓋的範圍比較大，但相對的解析度就較差，如圖 7-2-4。在鏡頭解析度方面，判斷鏡頭分析影像能力的標準，通常以 1mm 寬度所能解析的等距黑白線條的數目來表示，單位為 LPM。

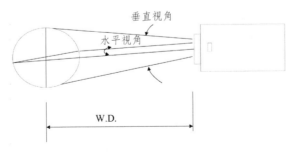

圖 7-2-4　CCD 攝影機之工作距離（W.D.）與視角

　　相對人眼而言，其最小的分辨角約 1' 也就是六十分之一度，在中央視角約 6° 到 7° 的範圍內可以得到這樣的解析度，換成數位影像的觀點，在這個範圍內的點素值約為 60×6 = 360 個。至於人眼的視場其實很大，水平方向視場約為 160° 到 170°，垂直方向視場約為 130°，對於 CCD 攝影機而言，一般來講水平方向視場都比人眼為小，標準鏡頭為 28-35 度左右，廣角鏡頭可達 70 度左右，望遠鏡頭為 20 度以下。但是在邊緣的範圍，人眼的分辨本領卻下降得很厲害。整體而言，人眼中用以接收影像的視神經細胞共約有 1.1 ～ 1.3 億個桿狀細胞，以及 600 ～ 700 萬個錐狀細胞，換成數位相機來看，就算是幾千萬個畫素的數位相機也難比擬。舊型的 CCD 攝影機之感測晶片只有二十五萬個畫素左右，Hi-8 攝影機則可達有四十萬個畫素以上，至於解析度可與人眼比擬的上億個畫素的 CCD 數位相機，目前也不斷推陳出新。

　　以鏡頭聚焦的特性而言，又可以分成定焦鏡頭和變焦鏡頭，變焦鏡頭俗稱伸縮鏡頭，對焦位置可以保持的情況下其焦點距離可以改變，要看遠或近距離的目標物只須調整鏡組間的距離即可，無論其設計是有段位變焦或是無段位變焦，一般說來其解像力比定焦鏡頭差，視角比定焦鏡頭小約 0.30 倍，而價格卻比定焦鏡頭貴了二到三倍不等，使用方便為其最大訴求，在機械視覺方面，一般都使用定焦鏡頭來抓取待測物體影像，但在攝影照相方面，目前變焦鏡頭成為非常重要的工具。至於自動對焦（Auto Focus）系統則常見於 V8 攝影機，如果是一般監控用途的 CCD 攝影機加上自動對焦機構，整套系統在價位上會相當昂貴，自動對焦系統依照發射光源來區分可以分為主動式和被動式兩種，依自動對焦原理可分焦點檢出式及相位檢出式。所謂焦點距離就是鏡頭的主點到焦點的距離，其值例如 50mm 或 70-120mm 等，焦點距離越短即鏡頭越廣角，焦點距離很長的話即稱之望遠鏡頭。

　　一般而言 CCD 攝影機沿襲攝像管的作法，攝像管的標準固定的方式，有所謂 C 型固定模式，即指攝影機之感測晶片與透鏡固定面之距離為 17.8mm，而其透鏡固定面內徑為 23mm，如圖 7-2-5 所示。

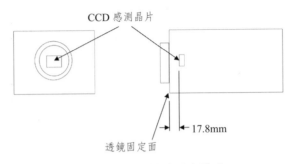

CCD 感測晶片

17.8mm

透鏡固定面

圖 7-2-5　攝影機之固定模式

　　如果 CCD 攝影機色彩明顯偏藍色，那可能因為攝影機設定值其色溫大約在 3600°K 左右，因而會讓影像呈現偏藍色情況，因此初始設定值應符合實際自然光譜，其灰階或亮度的感光與轉換接近線性，通常使用於數位彩色影像分析與處理。當然，亦可改變其色溫為 4500 或 5600°K，或配合白色 LED 及高週波螢光燈源，其輸出影像顏色就會趨近「真實」。

7.3　數位相機與光學鏡頭

　　一個廣角的鏡頭，同時也較容易造成影像邊緣的扭曲失真。在國內由於廣角鏡頭較適用在監視器材上，因此進口數量龐大，而價格也相當低廉，但是工業用的鏡頭則不強調廣角，而由於進口量少，反而價格高居一般廣角鏡頭的三到四倍。較高品質的鏡頭上面往往鍍有一層抗反射（AR）膜，如此可增加光線將近 50 到 60% 的穿透率，並且在鏡頭前後兩邊的表面也不致因為有反射的光線而造成所謂的鬼影，這樣通過鏡頭的亮度值及對比度也同時提高了。

　　目前數位相機常和手機作結合，數位相機和影像掃描器的功能相近，但可以液晶顯示器為觀景顯示之裝置，可即時觀看影像畫面，又能迅速捕捉所見到的影像，因此數位相機的機動性高，較適合拍攝面積較大、景深較深的物體，如果拿數位相機來翻拍文件，但由於數位相機線解析度通常不如平台型影像掃描器，因此如果想把平面圖片以數位形式輸入電腦儲存、處理，仍

然應優先考慮影像掃描器。

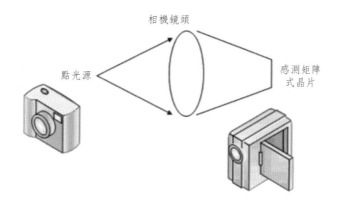

圖 7-3-1　數位相機鏡頭

7.3.1　數位相機主要組成部份之光學鏡頭

光學鏡頭分為固定焦距和變焦二種。變焦鏡頭構造複雜，包含鏡組、位置感測器、馬達及其驅動電路，提供控制光圈、對焦之功能，另外也有自動曝光、自動對焦以及自動平衡等功能。

數位相機（Digital Still Camera，DSC）所拍攝的物體是否能顯現出明亮的影像，完全要看此物體表面反射或是自身所發出的光量有多少到達了數位相機裡頭（圖 7-3-1），進入了數位相機的光量我們稱之為照度 E（Illuminance），當照度 E 越大時，就代表所拍攝的物體越明亮，假設我們將所拍攝的物體簡化成一個點光源，那麼我們由相機鏡頭，點光源及感測矩陣式晶片三者的關係，就可以發現，當相機鏡頭的直徑越大，由點光源發出，而進入相機鏡頭的光量也就越多，換句話說，照度 E 也就越大。另一方面，如果相機鏡頭直徑大小保持不變，但是點光源與相機鏡頭的距離變遠（即焦距變長）的話，照度即變小。由這樣看來，照度受到以下三個因素的影響，一是點光源（物體）本身所反射或發射的光量 B，一是鏡頭的直徑

D，一是鏡頭的焦距 f，考慮到二維的層次，我們可以把它們整合成如下的關係式：

$$E = KB \frac{\pi D^2/4}{f^2} \qquad (7.3.1)$$

其中 K 為比例常數

$\frac{\pi D^2}{4}$ 為相機鏡頭的面積

上式可化簡為 $E = K \frac{D^2}{f^2}$

亦即通過鏡頭的亮度值與鏡頭口徑及倍率有關，其中 f/D 是一個重要的鏡頭參數，我們叫它焦距比（Focal Ratio）、f 數（f Number）、f 值（f Value）或直接以 f/# 表示，我們在在 CCD 或數位相機上可看到的光圈調整盤或液晶顯示幕的光圈指數（f 數），光圈指數愈大，通過 CCD 或數位相機鏡頭的光量（光圈）愈少，亦即光圈指數大小和光圈大小成反比，即 f/1.4 光圈較大，而 f/32 光圈較小。如果對一個照相機的鏡頭而言，f 數直接影響到照片曝光的時間長短，通常 f 數（光圈指數）越大，所需的曝光時間越長，或者待拍攝的景物越暗，所需調整的 f 數（光圈指數）越小。如果一個鏡頭之焦距 10mm，而其直徑為 8mm 的話，那麼我們就可以說鏡頭的 f 數為 1.2，或是習慣性將他寫作 f/1.2。

一般照相機上光圈的 f 數刻度是：

1.4　2.　2.8　.　4.　5.6　8.　11.　16.

這些序列的前後數值的關係呈 $\sqrt{2}$ 倍數增加，亦即進入相機的照度呈 1/2 倍減少，而相機所需的曝光時間則依 2 倍的比值遞增有的數位相機則將光圈指數分得更細，在上述的兩個光圈值中再加入一格。至於 CCD 或數位相機中，常見的鏡頭 f 數大小約 1.2 ～ 1.4 之間，價位也較便宜。

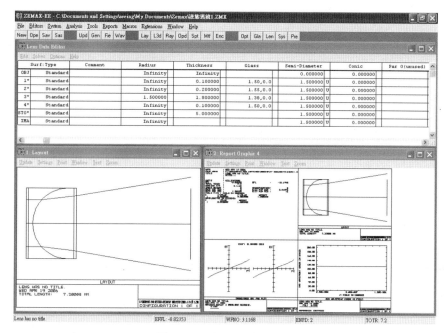

圖 7-3-2　光學鏡頭之設計

　　光學鏡頭可利用光學設計軟體進行光學元件設計與照明系統之照度分析，也可建立反射、折射、繞射等光學模型，並結合優化處理，公差分析等功能，大量應用於建模、分析以及輔助光學系統的設計例如圖 7-3-2 所示為光學設計軟體—ZEMAX 之執行畫面，運用 ZEMAX 建立一個包含 4 透鏡鏡組的液態透鏡模型，並分析其光學特性，包括焦點、焦距、主平面、色像差、MTF、及光線行進方向等，藉以做為設計的驗證。鏡頭口徑也是影響景深的因素之一，而成像的景深也和攝影距離的大小有關，總合說來，景深與鏡頭的光圈以及物距有關，鏡頭口徑愈大，景深愈小，另一方面，如果使用望遠鏡頭，則所攝得的影像景深也會比使用廣角鏡頭所攝得的影像景深為淺，至於遠距離拍攝時的景深則比近距拍攝為深，一般常誤以為景深與焦距成反比，事實上可以說是一種邏輯上的錯誤。例如焦距 30mmf/1.4 與焦距 60mmf/1.4 兩鏡頭而言，依照光圈越大景深越小的說法，60mmf/1.4 的鏡頭其景深較小，這是因為兩者要同達 f/1.4 時，後者要有更大的有效光孔之

故。

　可調式鏡頭口徑（光圈）的作用，就有點類似人眼的瞳孔的功能，隨著取像環境的明亮程度，人眼瞳孔的直徑也隨之而自動產生變化以為因應之道，在黑暗中為了使進入人眼的亮度增加，因此瞳孔的直徑最大可調整到 8mm 大小，而在白天戶外的地方，瞳孔的直徑則在 2mm 左右。

　光學鏡頭解像力通常以光學系統的傳遞函數來考量，也就是利用不同寬度黑白相間細條紋，通過鏡頭後，在影像感測器所得到的結果，一般而言，空間頻率（每 mm 幾條，1p/mm）越高，光學系統的傳遞函數即下降（圖 7-3-3），而鏡頭中央之解像力又比鏡頭四周為高，一般相機之截止空間頻率約在 20-501p/mm 之間。由於手機之感測器之解析度已在微米等級，因此其鏡頭之截止空間頻率則須高達 1001p/mm 以上。

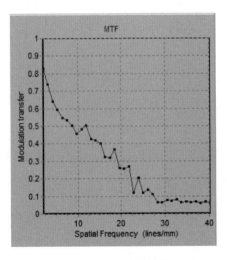

圖 7-3-3　MTF 曲線圖

　手機的日益普遍，一機多用的功能已是不可阻擋的趨勢，數位照相功能幾乎已成為其不可或缺的功能了，但因手機相機體積縮小，廉價的手機鏡頭大都屬於固定焦距的型式，也就是說只能拍固定距離的物體，而新近發展之手機鏡頭，則可以伸縮鏡頭變更焦距，這對於想要拍遠拍近更為方便。

7.4 其它的光學影像系統

7.4.1 影像掃描器概說

　　影像掃描器可將平面圖片、相片或底片中的彩色影像輸入到電腦中，目前已經是個人電腦重要週邊設備之一，依其功能、價位，可分掌上型、饋紙式、平台式三種等級的產品，掌上型掃描器屬較於早期的低階產品，利用手移動掃描器來讀取圖像，不佔空間，價格便宜，解析度較低，效果較差，饋紙式掃描器的外觀外貌上類似簡易傳真機的架構，價格與解析度介於掌上型掃描器與平台式掃描器之間，目前均已被淘汰。而平台式掃描器外貌上像一台影印機，目前在市場為主流產品，掃描品質非常高，解析度一般可達1200DPI（每英吋1200點）以上，如欲從事醫學掃描或精密辨識，則可選擇更高解析度之掃描器，例如針對印刷出版業等特殊用途設計的底片掃描器、大張圖片掃描器，可快速、大量的從事影像輸入。

　　影像掃描器也是輸入印刷文字、文章的設備，影像掃描器業者常隨掃描器產品附送文字辨識、影像處理、英漢翻譯、傳真等軟體，我們常將文件資料透過掃描器掃描後，利用文字辨識系統將文件變成內碼儲存，一來文件從圖形變成內碼儲存可減少文件資料記憶的空間，二來可避免重覆輸入文字的時間與金錢。過去如果看到報紙或雜誌上的好文章，都是用剪報方式保存，可是透過掃描器配合文字辨識軟體，就可把報上的印刷字體轉為內碼儲存，再加以處理，重新排版。市面上英文辨識軟體商品相當普遍，由於英文字母辨識技術已達成熟，辨識正確率可達百分之九十七以上，如果需要大量的英文輸入，卻不熟悉英打，利用掃描器配合英文辨識軟體可省去不少麻煩，轉成英文文字檔案以後，還可利用英漢翻譯軟體，將文件翻譯成中文以利閱讀，但中文辨識軟體則因技術層次較高，辨識正確率還不是很令人滿意。市面上常見中文文字辨識軟體如「丹青」、「蒙恬」等，對中文印刷字的辨識率大約在百分之六十至九十五，必須用鍵盤輸入中文輔助修正。文字辨識軟

體對於輸入文件是否傾斜容忍度都非常低，因此掃描時文件資料若是一張一張端正的放入掃描，辨識率將可提高。

　　掃描器常見的最大掃描面積為 A4 大小，除了尺寸差別外，掃描影像也分為黑白、256 灰階和全彩等不同模式，光學解析度則分 150、300、600、1200DPI（每英吋的掃描點數）不同等級，另外亦有使用內插法提高解析度八至十倍的作法，而在全彩模式 30 與 36 位元的掃描器上，它可以在 RGB 三原色上抓取 10 到 12 位元。利用影像掃描器掃描平面圖片中的彩色影像時，如果不在意掃描的時間又具有較高的輔助記憶裝置的話，可選擇掃描器的解析度較高的模式，將彩色影像輸入到電腦後，如果要以數位方式儲存彩色影像檔，可以選擇儲存為 120、300、400、600、1200DPI 等不同的全彩解析度模式，如果我們只想在電腦顯示器看圖片或照片，或是為了 WWW 網際網路首頁用途，並且無意將此圖片局部放大觀察的話，由於電腦顯示器的解析度一般為 120DPI，因此只要存成 120DPI 就可得到不錯的效果。

　　在掃描器中，燈管的閃爍頻率和亮度的穩定性也同時影響著掃描的結果，因此許多掃描器的廠商都要求使用品質較佳的燈管，希望藉著嚴格規格化的運作得到良好的效果。然而有些公司的掃描器一開始即採用一般規格的燈管，使用者可以在一般的照明器材供應廠商買到同等級的燈管來替換，這樣的策略，使得其掃描器競爭力非常的強，不過他們在軟體的補償設計方面，就必須付出比其他商家更多的心力。

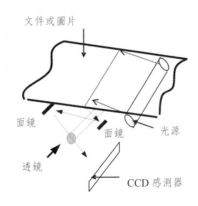

圖 7-4-1　掃描器的線性 CCD 與反射式掃描

造成掃描器降價的原因，還包含了如更便宜的元件、不同的燈管（Lamb）來源、和新的 PC 連接方式等等。舉例來說，一般平台式掃描器所使用的光源有兩種：熱式和冷式的螢光燈管。近來許多平台式的掃描器，都已經改以冷式燈管來取代傳統的熱式燈管。傳統的熱式燈管的工作壽命約為 1000 小時，而冷式燈管則可以提高至 10000 小時。

掃描器根據文件對光的不同反應，可將其分為反射式掃描及透射式掃描兩大類，反射式掃描的文件如印刷品、照片及雜誌等，透射式掃描的文件如底片、幻燈片及透射稿。一般掃描器的 CCD 是線性排列的（圖 7-4-1），舉例來說，其感光體陣列的數量為 2400，而掃描區域的寬度為 4 吋，則掃描器每英吋的點素即為 2400/4 = 600dpi（每英吋點，Dots Per Inch），如果掃描區域寬度增加為 8.5 英吋，而感光體陣列有 5100 個感光單位，那麼掃描器的光學解析度就提高到 600dpi。目前有許多掃描器的廠商宣稱其解析度可達 2400dpi，但許多都是相當有爭議性的說法，例如有的是利用插點解析度（Interpolated Resolution）來取得較高的解析度值。

7.4.2 傳真機

傳真機的基本原理相當簡單，傳真機先掃描要傳真的文件，將文件中影像資料黑與白的部分予以編碼，二值化轉換成數位「0」及「1」的信號，再以調變器將壓縮後之資料碼，轉變為電話線上可以傳輸之聲頻類比信號，傳至網路另一端電話傳送介面後，接收端的機器再將掃描線每一行之 1 或 0 的數位資料信號送到列印裝置，並維持與原稿掃瞄線同尺度及解析度，以黑色墨水或熱感應顯像於記錄紙上。

7.4.3 線性影像感測器

一般使用線性影像感測器時 [7]，大都以機械掃描方式去做二度空間的畫面處理，尤其在處理一般性的靜止畫面，例如傳真機、掃描器等等。至於在

結構上，線影像感測器其感光元件點距小（一列可達 6400 個點），比一般面型影像感測器（一列約 640-1024 個點）來說，在相同一維範圍內所能感測的像素較多，故就影像的精密度上來講，線影像感測器遠比面型影像感測器來的高。且線影像感測器就信號型態而言，也因為其處理的矩陣為一維，故處理資料的傳輸上，速度也比面型影像感測器來的快。

　　在眾多規格及型式的線影像感測器中，市面上傳真機和掃描器中常用 CIS 型密著型（接觸型）線影像感測器（圖 7-4-2）。在傳真機和影印機裝置的小型化中，密著型感測器是把感測器密貼在擬讀取的文書上，用等倍光學系統攝像。密著型感測器有兩種型式。一種是在玻璃基板上，形成光導電膜元件的陣列，做成 1 條長的感測器之薄膜型，另一種是採用矽單晶的 CCD 或把光電二極體（或光電電晶體）的陣列之晶片加以數個連接的多晶片型。

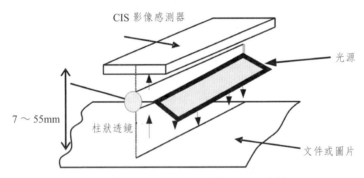

圖 7-4-2　密著型（接觸型）線影像感測器

　　在此介紹 CIS 型單色線影像感測器、黃色 LED 光源之線影像感測器，其基本規格如表 7-4-1 所示。

圖 7-4-3　CIS 線影像感測器外觀

表7-4-1 CIS型線感測器說明

來源型號	敦南DL107-24U
外觀	232mm×18mm×18mm
實際可讀取範圍	219.4mm(A – 4SIZE)
感應器個數	2592
解析度	300 DPI
掃描速度	2.5m sec/line
光源規格	黃色LED，波長－570nm
信號輸出	類比訊號輸出

CIS 型光感測器其驅動方式比 CCD 型光感測器簡單，但灰度訊號精度及靈敏度卻不及 CCD 型光感測器。此單色線影像感測器之驅動方式簡便，輸入其所需之驅動電壓及工作頻率，再加上驅動訊號的觸發，即可讓感測器開始掃描影像訊號。我們可從表 4-5-1 得知，在 219.4mm(A-4SIZE) 的範圍內共分布有 2592 個感測元件。由此可計算得知，每一個感測元件可偵測到 219.4mm/2592 = 84.645μm 的寬度。由此可知，CIS 型線影像感測器其精密度之高。其外型如圖 4-5-3 所示。

表7-4-2 DL701-24U之電子特性

記號	一般規格	單位
V_{DD}	5.00	V
V_{SS}	−12.00	V
V_{LED}	5.00	V
f_{max}	1.25	MHz
I_{IH}(SI & CLK)	20	μA
V_{IH}(SI & CLK)	3.2	V

表 7-4-2 所示為此 CIS 線影像感測器的電子特性。此電子特性是指在攝氏 25℃的狀況下，感測器所需的驅動安全規格。f_{max} 是其標準工作頻率，在 SI 接腳收到觸發訊號之後，每一個感測元件會依序被 CLK 觸發而開始掃

描，而掃描到的灰度信號則會依序地從 SIG 腳位輸出。線感測器訊號觸發取樣動作如圖 7-4-4 所示。

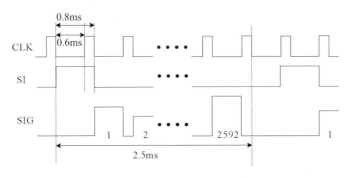

圖 7-4-4　CIS 觸發取樣示意圖

另一方面，我們可由圖 7-4-4 清楚地觀察出，CLK 訊號其正半波及負半波有一定的工作循環（Duty Cycle，正半波除以週期））比率。而在此圖中可看出，CLK 訊號其工作循環比率為 1：4。意即，負半波的時間長度需為正半波的 3 倍。

7.4.4　條碼機

條碼機是利用雷射或發光二極體形成的掃描光線，透過光學透鏡系統與光電檢測器來分析在條碼面上的反射光的強弱、時間與長度，例如暗為 1 而亮為 0，因此形成例如 1001110100111... 之二元信號，最後由解碼電路與界面電路解碼，再進行資料傳送。一維條碼是最常見的，它只能用來表示數字，資料量約 50Bytes，另外二維條碼以矩陣般的黑白方塊形式表示，能包含數字與文字的功能，資料量可達 3000 字元。

商品上面通常會印刷或是貼上條碼，讓讀碼機讀取到條碼的資訊，因此就能搜尋產品的種類，而找到比對的樣品檔案，故能檢測不同的產品，以達到分類的效果。所以條碼辨識就成了整個銷售系統中最初始且重要的工作。

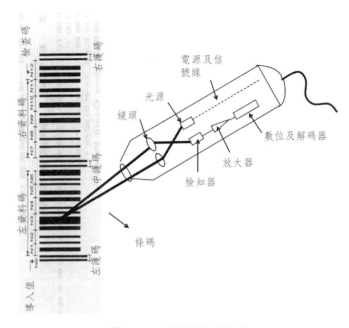

圖 7-4-5 條碼閱讀機結構

　　條碼（barcode）是以黑、白、寬、窄的線條組合起來，進而代表不同的字元，黑色線條稱為「線條」（Bar），白色線條稱為「空白」（Space），數條 Bar 與 Space 就構成一個字元的條碼，而數個字元條碼，可以組成一個條碼串。每一個條碼起頭及結束的地方都有一些特殊的線條或空白，一般被稱為「起頭碼」（Start Code）與「結束碼」（End Code），用來辨別條碼的開始及結束，不代表任何資料。條碼的種類有以下數種：39 碼、Codebar、交錯式 25 碼、UPC_A 碼、UPC_E 碼、EAN_13 碼、EAN_8 碼、128 碼。每種編碼之格式、編排順序都不太相同，在台灣，EAN_13 碼被廣泛應用在零售市場與商品上面。在 EAN_13 碼中起始碼特稱為「左護碼」，結束碼特稱為「右護碼」。又為了使條碼容易判讀，在列印條碼之前，經常會在條碼的前面及後面留下一片空白，此空白區域稱為「留白區」（Quirt Zone），如圖7-5-1 所示。

　　EAN_13 碼為一固定長度 13 的數字條碼，內部數字的編碼方式有 A，

B，C 三組，其編碼原則如下：

右護碼（Left Guard Pattern）：EAN_13 碼的開始。

中護碼（Center Guard Pattern）：區隔左資料及右資料。

右護碼（Right Guard Pattern）：EAN_13 碼的結束。

左資料碼（Left Data Pattern）：包括六個數字資料，這六個數字資料包括「國家碼」—表示產品的生產國家，「廠商碼」—表示該產品生產的廠商。EAN_13 碼總共有 3 組編碼方式 -A，B，C 組，在左資料碼中是使用「A」、「B」組來編碼。

右資料碼（Right Data Pattern）：包括五個數字，這五個數字即為產品的代碼，且固定使用「C」組來編碼。

檢查碼（Check Digit）：檢查碼是由導入值（Leading Code）及左資料碼、右資料碼總則共 12 位數字，經數學運算得來。

導入值（Leading Code）：導入值是一個隱含的數字碼，它並非條碼，其資料是依照左資料碼的排列次序得來的，例如左資料碼的排列是 AABABB，則該條碼的導入值為「1」。在台灣通行的 EAN₁3 碼，左資料碼的排列方式都為 ABAABB 的模式，所以導入值都是「4」。

EAN_13 碼的「線條」或「空白」只有四種寬度，每一個數字包含 2 條「線條」及 2 條「空白」，而且黑白交錯，所以可以令：

佔有一個區間的「線條」或「空白」以 0 表示。

佔有二個區間的「線條」或「空白」以 1 表示。

佔有三個區間的「線條」或「空白」以 2 表示。

佔有四個區間的「線條」或「空白」以 3 表示。

則每個數字可以得到一組原始碼，原始碼的組成是每位數為 0 ～ 3，共 4 位。所以若能得知條碼中線條、空白區間的分布，就能得到原始碼。

條碼有一個勁敵，那就是無線射頻技術（RFID，Radio Frequency Identification），條碼印刷後就無法更改內容，而無線射頻則將產品的資訊儲存在標籤的晶片裡，儲存資料的容量可大至數百萬位元，又可不限制次數

地更新、增加、修改、刪除晶片裡儲存的資料，並可重覆性使用。條碼需在近距離，利用掃描光線照射在條碼上才能讀取內容。無線射頻晶片只要在無線電波的範圍內，即可傳遞信號。但是條碼的經濟方便性，仍然使它在產品識別上佔有一席之地。

7.4.5 利用影像技術進行身份識別

利用影像技術進行身份識別，一般的作法為引用數位影像技術進行影像監看人身生物特徵比對，例如正面及側面臉型、眼睛視網膜、手掌掌形、指紋辨識，更可結合多項特徵辨識方法及語音辨認的功能，達成快速、可靠、安全、而又方便的管制系統。

對於電腦而言，手寫文字、指紋、手掌掌形或人的臉孔都是一種圖形，這些圖形有的展現在二度空間上，有的則為三度空間，通常需轉化成平面資料。人身生物特徵比對辨識的最大困難是這類圖形的變異性很大，但無可置疑的這樣的方法有其優異的特性，由於這種身份識別方法是認「人」不認「卡」，與舊有的認「卡」不認「人」的管制系統不同，人可能會忘了帶識別卡，但人臉、眼睛視網膜、手掌、指紋不可能離開人的身體而存在，免除因為遺失、遺忘、消磁、磨損等刷卡異常所帶來的不便，也可以去除代刷卡、代簽到、代打卡的劣行。辨識資料有可溯性，且具網路連線功能，因此適合各大機關、行號做為身份識別與門禁管制系統之用，可以提升管理的效率，亦可用之於員工出勤管理、醫療保健管理、駕照監理、全民戶政管理、金融支付管制、證券交易管理等方面。

指紋辨識機（圖 7-5-2）內藏有光源與攝影機隨時準備接收影像，而取像光學模組的設計相當重要，因為指紋辨識機不易採取清晰的指紋等問題較嚴重。

當手指放在取像三菱鏡前時，透過光學模組與光電轉換模組，手指上的指紋便攝取入電腦，進行影像處理與編碼的動作，由電腦軟體根據各種演

算法分辨指紋裡紋路的特徵區域（核心點），再利用特徵區域的圖形碼作比對。指紋辨識機能夠辨認輸入的指紋是立體或是平面的物體，因此輸入一般影印的指紋並無法作偽，也能夠偵測出使用者手指的壓力，使用者亦可任意組合數根手指之指紋為辨識的資料庫，以達到更高的保密效果。

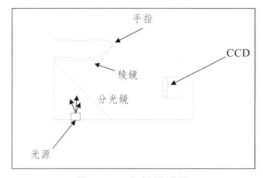

圖 7-4-6　指紋辨識機

掌形辨識技術根據人類手掌的立體形狀、關節位置、間距及厚薄等的特徵計算出將近 10 個位元組的特徵值，與原先存在系統內的特徵值（可達兩萬筆的使用者資料）比對，以進行身份辨識的動作。比起指紋辨識系統，掌形辨識較不受灰塵、油汙的影響，也沒有掃描視網膜可能對眼睛造成傷害的心理威脅，在目前美國軍方已採用掌形辨識門禁管制系統用之於空軍與陸軍基地及彈藥庫，而美國奧運選手村、各大核能電廠等各大機關行號也有使用的案例。

7.4.6　膠囊內視鏡

膠囊內視鏡只有 11mm×30mm 大小，約等於一顆魚肝油丸的大小，前端有鏡頭及攝影機、內含影像感應傳送器和電池，受檢者喝口水吞下，膠囊內視鏡即可進入人體腸胃進行攝影，將影像傳給受檢者身上佩帶的移動式影像數據接受器，紀錄一段時間後將此接受器交由醫師判讀影像即可。人體的小腸蜿蜒長達三公尺，一向是醫學檢查的死角，膠囊內視鏡可用於診斷小腸

出血，小腸病灶可清楚現形，而膠囊內視鏡在二十四小時後可隨糞便排出。膠囊內視鏡是以色列研發成功的微機電技術，使用飛彈鏡頭般的技術，已得到美國 FDA（食品藥物管理局）核准使用，在國內亦有應用的案例。可以想像，未來微機電技術可以讓微機器人進入人體進行醫療，就如同電影「驚異奇航」情節一般，控制超迷你的小艇在人體內器官間游走，相信這樣的事距離我們一點都不遠。

7.4.7　光學顯微影像系統

　　光學顯微儀是一種非接觸性量測，利用光學原理，將待測物經物鏡投射在目鏡，藉著光線將待測物放大 [8]。顯微鏡的原理和放大鏡原理相似，可以看成在放大鏡前方加上一個會聚透鏡組，因此式（2.2）可定義出顯微鏡的放大率，其光路如圖 7-4-7 所示。

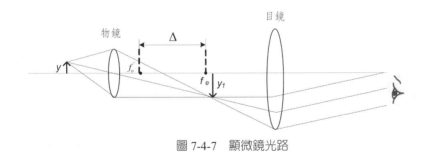

圖 7-4-7　顯微鏡光路

$$M = \frac{y_1}{y} \times \frac{s_0}{f_e} = V_o M_e$$

根據薄透鏡的成像公式，可重新定義物鏡的放大率，如下所示：

$$V_o = -\frac{\Delta}{f_o}$$

將上式代入可得到整個顯微鏡工作系統的放大率，如下所示：

$$M := -\frac{s_o\,\Delta}{f_o\,f_e} \quad 其中$$

$$M_e := \frac{s_o}{f_e} \quad 為目鏡的放大率$$

$$v_o := \frac{y_1}{y} \quad 為物鏡的放大率$$

y：為待測物的長度

y_1：為經由物鏡放大後的實像長度

f_e 和 f_o：為目鏡與物鏡的焦距

Δ：為物鏡後側焦點到目鏡前側焦點的距離，稱為筒長

由上式叫觀察到，物鏡和目鏡的焦距越短且光學筒長越長，則顯微鏡的放大倍率就愈高，式子當中的負號代表像為倒立的。

設計實例討論如下：使用 ZEMAX 光學模擬軟體進行模擬，根據表 7-4-1 的 M Plan Apo 產品規格圖，使用此物鏡型號（378-804-3）的規格輸入於 ZEMAX 模擬軟體中，建立出此 20X 物鏡的規格資料。

表7-4-1　M Plan Apo 物鏡規格

	Mag.	N.A.	W.D.	f	R	D.F.	視場1	視場2	重量
378-800-3	1X	0.025	11.0mm	200mm	11.0μm	440μm	e24mm	4.8×6.4mm	300g
378-801-3	2X	0.055	34.0mm	100mm	5.0μm	91μm	e12mm	2.4×3.2mm	220g
378-802-6	5X	0.14	34.0mm	40mm	2.0μm	14.0μm	e4.8mm	0.96×1.28mm	230g
378-803-3	10X	0.28	33.5mm	20mm	1.0μm	3.5μm	e2.4mm	0.48×0.64mm	230g
378-804-3	20X	0.42	20.0mm	10mm	0.7μm	1.6μm	e1.2mm	0.24×0.32mm	270g
378-805-3	50X	0.55	13.0mm	4mm	0.5μm	0.9μm	e0.48mm	0.10×0.13mm	290g
378-806-6	100X	0.70	6.0mm	2mm	0.4μm	0.6μm	e0.24mm	0.05×0.06mm	320g

依據產品規格輸入於 ZEMAX 模擬軟體中，在 field 方面分別設定 5 個數值，依序為最大像高及最大像高的 50%、70%、90%、0%（軸上），為了能夠在不同像面模擬出光點大小，因此在原像面往鏡頭側的 3、6mm 處各設一個假想面，以及遠離鏡頭側的 3、6mm 處也各設一個假想面。圖 7-4-8 為 20X 物鏡於模擬軟體中的 3D Layout 圖。

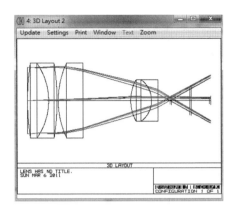

圖 7-4-8　20X 物鏡 3D Layout 圖

　　以下分別針對原像面、往鏡頭側 6mm 的假想面及遠離鏡頭側 6mm 的假想進行面模擬光點的大小變化。圖 7-4-9(A) 為原像面的光點大小變化，圖 7-4-9(B) 為往鏡頭側 6mm 的光點大小變化，圖 7-4-9(C) 為遠離頭側 6mm 的光點大小變化。

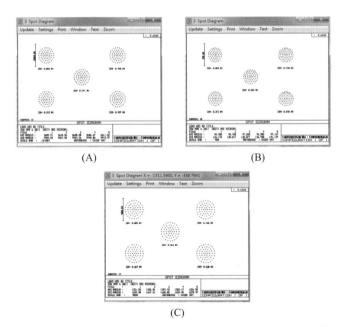

圖 7-4-9　(A) 原像面的光點大小變化；(B) 往鏡頭側 6mm 的光點大小變化；(C) 遠離頭側 6mm 的光點大小變化。

7.5　光學影像系統之像差

　　光學影像系統所拍攝的物體是否能顯現出清晰的影像，則與攝影機透鏡系統及攝影時的環境都有密切的關係。例如當攝影取景範圍外的強烈光線在鏡頭或攝影機內部產生反射作用時，攝影機所拍攝的影像就會出現光斑，而導致影像的暗部出現一些模糊的光影。至於攝影機透鏡系統的像差問題那就複雜的多。

　　由上面幾何光學的討論可看出，$\theta_2 = \dfrac{y}{z_2}$ 與 $\theta_0 = \dfrac{y}{z_0}$ 只是一個近似值，亦即我們的討論是建立在這些光線為近軸之場合上，所以才能假設 $\sin\theta = \theta$，但事實上 $\sin\theta = \theta - \theta/3! + \theta/5! - \cdots$，「$-\theta/3! + \theta/5! - \cdots$」這些項即是造成透鏡像差的主因，因此當我們考慮 $\theta/3!$ 這一項時，就可定義這時所產生的透鏡像差為三階（three order）像差，又稱為賽德（Sidel）三階像差。

　　透鏡的像差，可由相位函數著手探討。波前像差定義為，在透鏡平面上的真實波前和高斯參考波前的相位差，由此可找出三階像差，並將直角座標轉換為極座標表示，可得賽德三階像差為：

7.5.1　球面像差（Spherical Aberration）

　　球面像差（Spherical Aberration），簡寫為 S1。

　　慧差（Coma），簡寫為 S2。

　　像散（Astigmatism），簡寫為 S3。

　　場曲（Curvature of Field），簡寫為 S4。

　　畸變（Distortion），簡寫為 S5。

　　有時又可將這五個賽德三階像差加上縱向色差（簡寫為 S6）與橫向色差（簡寫為 S7）兩種色差，一般我們討論透鏡像差都是針對這七項來加以研究。

1. 球面像差

　　一個透鏡理論上能夠聚焦於一點（圖 7-5-1），但事實上當不同高度之平

行光線入射時，並不能真正匯集於一點（圖 7-5-2），此方面之差異量，稱為球面像差。當重建光之波長與記錄波長相等，並且 RO = RC 時，球面像差消失。

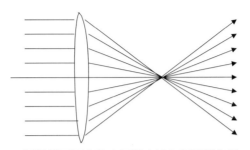

圖 7-5-1 透鏡當不同高度之平行光線入射而匯集於一點時

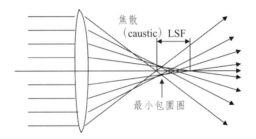

圖 7-5-2 透鏡當平行光線入射時事實上並未匯集於一點

2. 慧差

慧差的產生是由歪斜（Skewness）參考光所造成，看起來形如慧星（圖 7-5-3），故名之。

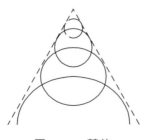

圖 7-5-3 慧差

3. 像散

像散主要也是由於離軸所造成（圖 7-5-4），如果我們使用一個環狀加上輻射狀線條的圖形來測試，則在成像面之前所得的影像來看，輻射狀的線條的像散會特別嚴重，而在成像面之後所得的影像來看，環狀的線條的像散會特別明顯（圖 7-5-5）。

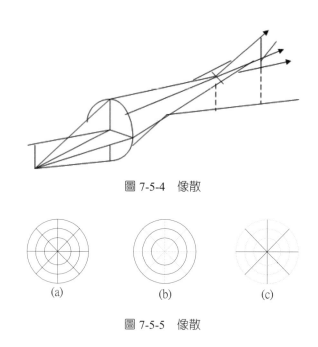

圖 7-5-4　像散

(a)　　　　(b)　　　　(c)

圖 7-5-5　像散

4. 場曲

在成像面放置一個平面所得的影像來看，有時候並不如我們在成像面附近將平面略加捲曲成為球面所得的影像來得清楚（圖 7-5-6），這就是場曲的現象所造成的，由於有場曲的問題，所以我們常看到有些場曲現象嚴重的傻瓜相機，會把它的底片位置故意設計成捲曲狀，而且也會看到有些大型的電影螢幕故意設計成弧形。

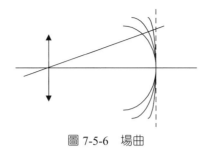

圖 7-5-6 場曲

5. 畸變

畸變原因是像點與光軸距離不同其側向放大率亦隨之不同所造成，如圖 7-5-7 之一個正方格子圖片，其畸變可分為桶狀畸變（整體影像變小，故亦可稱為負型扭曲，如圖 7-5-8 所示）及枕狀畸變（整體影像變大，故亦可稱為正型扭曲，如圖 7-5-9 所示）兩種。針孔相機無畸變的問題，但廣角相機畸變的問題很嚴重，一般而言廣角相機所攝得之影像扭曲情形為桶狀畸變。

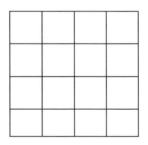

圖 7-5-7 正方格子圖片

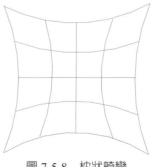

圖 7-5-8 枕狀畸變

圖 7-5-9　桶狀畸變

6.色差

　　一個透鏡理論上能夠聚焦於一點，但當不同波長之平行光線入射時，由於不同的光波長，其在透鏡材料之行進速度也不同，因此曲折的角度也不同，事實上並不能真正匯集於一點，這種情形謂之色差，又可分為縱向色差（圖 7-5-10）與橫向色差（圖 7-5-11）兩種。

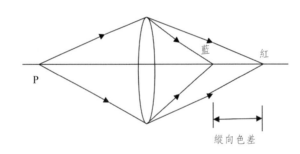

圖 7-5-10　縱向色差

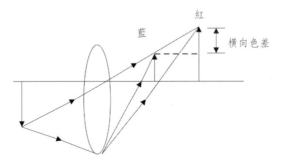

圖 7-5-11　橫向色差

參考書目

1. 林嘉亳，「應用於手機鏡頭之變焦模組之模擬分析與輪廓量測研究」，逢甲大學自動控制工程所碩士論文，民國 95 年。

2. 陳德請，林宸生，「近代光電工程導論」，全華書局，民國 88 年 12 月。

3. 林宸生，「資電科技與人文」，滄海書局，民國 94 年 4 月。

4. 胡錦標、林宸生、謝宏榮等，「精密光電技術」，高立書局，民國 79 年 12 月。

5. 林宸生，徐碧生，「精密量具與機件檢驗實習」，高立書局，民國 80 年 1 月。

6. 林宸生，「數位信號——影像與語音處理」，全華科技圖書，民國 86 年 1 月。

7. 林宸生、邱創乾、陳德請，「數位信號處理實務」，高立出版社，民國 85 年 3 月。

8. 傅書賢，微型陣列透鏡表面形狀及曲率之顯微干涉光學檢測技術研究，逢甲大學自動控制工程所碩士論文，民國 100 年。

第八章

太陽能電池元件的原理與應用

作者　林奇鋒

8.1 前言

　　隨著近幾十年來半導體工業的發展，矽晶不論在原料或製程上的技術都相當成熟，使目前所有運用到矽晶的半導體技術，其生產成本都較其它材料的技術要低，在太陽能科技方面也不例外。雖然近年也有許多不同材料的太陽能電池，但目前市面上，仍以矽晶太陽能電池的市佔率最高。矽晶太陽能電池主要分為單晶矽與多晶矽太陽能電池，雖然在效率方面，單晶矽太陽能電池比多晶矽太陽能電池高，但若考慮生產成本，換算為發電效率，多晶矽太陽能電池仍保有一定的競爭性。本節將介紹單晶與多晶矽的成長，以及其製作於太陽能電池的元件設計。

8.2 矽晶太陽能電池

　　為了獲得最佳的元件特性，單晶 P-N 接面元件是最理想的設計，因為可避免由異質接面造成的晶格不匹配，使介面產生陷缺而影響效率。以下將以最基本的 P-N 結構為基礎，介紹其太陽能電池原理與製程，以及各方面提升效率的設計。

8.2.1 矽晶太陽能電池結構與製程

　　最基本的太陽能電池架構，分為基板、表面粗糙結構（texturing）、P-N 接面、抗反射（antireflection, AR）層、和金屬電極，如圖 8-2-1 所示。目前最常用的基板為 P 摻雜的矽晶基板，利用電阻值較低的基板，可以降低元件的串聯電阻，減少載子的損耗。適當厚度的基板也很重要，因為矽的吸收係數較低，所以須增加其厚度來增加對光的吸收，但過厚時，載子的傳輸的距離會超過其擴散長度，造成載子的複合而降低光電流的導出。因此，如何在吸收與導電性之間取得平衡，以達到最高效率，一直都是研究的重點。而在基板上作表面粗糙處理的原因，乃矽本身有很高的折射係數，因此會大

量的反射太陽光，造成元件吸收的不足，若在基板上製作粗糙化結構，可大幅增加光的入射率。P-N 接面的形成，可用高溫擴散製成而得，然而，在高溫環境下，所有的粒子皆會獲得動能而進行擴散，因此，避免金屬雜質的擴散，基板的潔淨度便很重要。在光學結構方面，除了可利用表面粗糙結構減少光的反射，也可以利用塗佈抗反射層來進一步增加元件的入光率。抗反射層必須具有一定的折射係數，一般是利用氧化物或氮化物等。其中 Si_3N_4 除了可當作抗反射層，也有保護元件的效果。金屬電極在與矽接合後，必須具有低串聯電阻、線寬要夠小增加光的穿透率、以及附著性要好。目前常見的金屬電極製作方法為網印法。最後，元件須經過熱退火，將金屬內的有機物去除，以增加金屬的導電性。

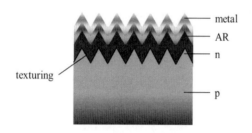

圖 8-2-1 P-N 接面太陽能電池結構圖

8.2.2 薄膜太陽能電池

在現今發展太陽能電池的技術中，最重要的就是要降低成本以達到全民的普及化，在 2000 年，太陽能電池的發電成本約為 $7/Wp，若要提升其實用價值，成本必須低於 $1/Wp。目前太陽能技術最成熟的仍然是矽晶電池，但因為其製造成本過高，很難將其商品化，即使最後終能將成本壓低，但能不能當作替代性能源的應用，也相當令人懷疑。隨著製程與材料的演進，近年來已出現非晶矽、CdTe 和 CIGS 的薄膜太陽能電池，此類型電池不僅製程成本低，且有大面積應用的潛力。因此，本節將介紹各種薄膜太陽能電

池，並介紹它們的原理及效率演進，最後是未來展望。

8.2.3　非晶矽薄膜太陽能電池

非晶矽薄膜太陽能電池有著眾多優點，例如高吸收係數（$10^5 cm^{-1}$），可調式能隙（1.1 to 2.5eV），用以調變吸收的波長範圍，低溫且可大面積元件製造，但非晶矽材料本身由於導電性不好，若太厚可以會導致載子傳輸不佳，太薄也會造成吸收不足，因此非晶矽的另一特點在於，其可相容多層介面的製程，來達到全波段吸收的目的。最後是低製造成本，使之商業化受到極大的鼓舞。目前效率大約 10-20%，而在商品化主要是受限於，在製造速率高於 0.1nm/s 時，其半導體的電性會大幅衰落，導致效率受到限制。

8.2.3.1　a-Si:H 的成長

目前用以成長 a-Si:H 材料的製程，包含 RF（rapid frequency）、DC（direct current）和 VHFRF（very high frequency RF）驅動之電漿增強式化學汽相沉積法（plasma enhanced chemical vapor deposition, PECVD），光學式 CVD（photo CVD），濺鍍法（sputtering），和大氣電漿 CVD（atmospheric plasma CVD）。這些製程通常都需要精準的參數調控才能達成高效率的元件，主流是使用 DC 或 RF 驅動式 PECVD，雖然可長出高品質的薄膜，但最大的缺點在於它的產率太低，一般為 0.1-0.2nm/s，要克服產率的問題，勢必要提升其製程速率，近年已有達到 1.0-1.5nm/s 高產率的製程，其主要由 VHFRF PECVD 所達成，且能做出相同品質的薄膜。然而，此產率還是不足以達到商品化的門檻，目前也有許多有關更高產率的製程，例如熱線式 CVD（hot-wire CVD, HWCVD）以及大氣壓電漿式 CVD（atmospheric pressure plasma CVD, APP-CVD）。HWCVD 已可達到 16.7nm/s 的產率，同時也能維持一定的材料光電特性，如高光敏感度（$\sigma_p/\sigma_D = 10^5$），低缺陷密度（$Nd = 2*10^{16}/cm^3$），高載子擴散長度（200nm），和低氫含量（CH < 1%）。但是，HWCVD 在製程中基板必須要加熱至 400 度以上，對於 a-Si:H 常見

的 p-i-n 結構，p-i 介面是無法承受如此高溫。因此，發展出 n-i-p 的相對應製程，先用 HWCVD 成長完 n-i 層，再利用 PECVD 成長 p 層，可達到 9.8% 的效率。近來也有全低溫 HWCVD 製程，將溫度控制在 400 度以下，也可達到 8.7% 的效率。但 HWCVD 最大的缺點在於，其照光穩定性不佳，因此還需要針對元件壽命做改善。APP-CVD 目前可達到 0.3-1.6μm/s 極高的產率，即使在 0.3μm/s 的製程速率下，也能得到高光敏感度（$\sigma_p/\sigma_D = 10^6$）的薄膜。

8.2.3.2　a-Si 太陽能電池的衰減機制

目前 a-Si 面臨最大的挑戰，就是元件壽命的問題，其主要是在照光下，會產生深度缺陷（deep-level defect site），形成複合點，降低元件效率，稱為 Staebler-Wronski（S-W）效應。這些缺陷可藉由加熱的方式（150℃）去除，且這樣的回復方式可重複使用。也有人提出將 i 層的 a-Si:H 作薄，並同時改善光學的光補捉（light trapping）效應，可在維持住元件效率時改善壽命的問題。也有人利用多接面的 i 層 a-Si：H 來達到更佳的穩定度。此外，製程參數的調變也可以改善此問題。目前可作到利用 3 堆疊的元件讓衰減小於 10%，如圖 8-2-2 所示，相較於單層介面的元件產生 50% 的衰減，已有大幅的改善。而在衰減機制的研究，也有人利用模擬的方式來探討元件內部產生的變化，包含電荷轉移模型（charge transfer model）以及氫鍵結轉換模型（hydrogen-bond switching model）。氫鍵結轉換模型是假設光的激發能產生兩個自由的氫原子，在碰撞之下，會產生含有兩個氫之複合物，$M(Si-H)_2$，這種複合物會處於亞穩態，而形成載子的複合中心，造成元件在持續照光下，一直產生此複合中心，降低元件效率。

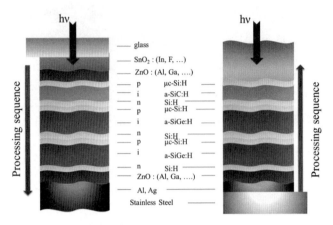

圖 8-2-2　堆疊 a-Si 元件結構（Hamakawa, Thin-Film Solar Cells, Springer, P.18）

8.2.3.3　商品發展與未來展望

　　a-Si 太陽能電池是最早商品化的薄膜太陽能電池，早期美國已投入大量的資源在開發其商品。BP Solar 公司製作出 10-MW 的太陽能模組生產線，利用 PECVD 的方式沉積 a-Si:H 與 a-SiGe:H 薄膜，形成 p-i-n-p-i-n 結構，做出 5W 至 50W 的模組。United Solar System Corporation（USSC）和 Energy Conversion Devices（ECD）公司利用滾動式製程（roll-to-roll），將薄膜塗佈在 5 密爾厚的不銹鋼上，再將其薄膜剪裁並用於可撓式產品上，這些產品的發電量從 3W 至 64W，並擁有 7.5% 到 7.8% 的效率。USSC 公司更將這些模組應用在建築上，整合屋頂與太陽能的技術。在 2009 年，利用 a-Si/nc-Si/nc-Si 製作出 12.5% 的元件。在未來的發展上，目前最需要關注的是材料以及元件。材料的部份包含薄膜的生成、電漿的化學反應控制、氫含量的討探以及材料能隙的改進。而在元件的部份，各層的順序扮演著很重要的角色，且如何製作出高產率且低成本的模組，同時兼具長壽命的元件，都是很重要的課題。

8.2.4 CdTe薄膜太陽能電池

CdTe 是僅次於 a-Si 最有應用潛力的薄膜太陽能電池,一般 CdTe 薄膜太陽能電池是由 CdTe 與 CdS 形成的異質接面元件,CdTe 為 p 型吸收層,由於 CdTe 的能隙僅 1.44eV,以及其它優良的特性,使之被預期可達到 30% 的轉換效率。CdTe 薄膜太陽能電池的前身為 $Cu_2Te/CdTe$ 結構,此結構於 1963 年被發表,在這之後,各種不同的元件結構都被使用以提升效率。現今,在小面積的元件上,效率普遍已可達到 15-16%。

8.2.4.1 原理及元件製程

使用 CdTe/CdS 之薄膜太陽能電池最主要的原因,不外乎於它的低成本製程,例如密閉空間式昇華法(closed-space sublimation, CSS),噴霧沉積法(spray deposition, SD),網版印刷法(screen printing, SP),以及電鍍法(electrodeposition, ED),且已被許多公司用拿製作大面積的元件。傳統的 CdTe 異質接面薄膜太陽能電池的結構為玻璃 / 透明導電氧化物 /CdS/CdTe/ 背電極,如圖 8-2-3(左)所示。其製程為,先將薄層 CdS(0.05-0.1μm)沉積在透明導電氧化物基板上,再加熱至 400-500 度減少氫的鍵結,之後將 CdTe 沉積在 CdS 上,目前用各式的方法沉積,例如 CSS、ED、MOCVD、SP、PVD 及濺鍍法,都可達到 10-16% 的效率,而 CdTe 和 CdS 一樣,都需要熱退火程序來改善其微結構及電性,熱退火可使 CdS 和 CdTe 的結晶性提升,這對於高效率的元件是必要的。最關鍵的步驟在於背電極對於 CdTe 的物理性接觸,同時這也是目前面臨的挑戰,已經有大量各式的金屬用來當作背電極,例如 Cu、Au、Cu/Au、及 Ni,然而金屬介面的接觸電阻皆無法有太大的改善。此外,氧化物的透光性也是一大問題。因此,有人針對結構提出改善的方法。如圖 8-2-3(右)所示。其中 Cd_2SnO_4 具有極佳的導電性與穿透度,用來取代傳統的 SnO_2 或 ITO;Zn_2SnO_4 用來作為緩衝層,在高溫熱退火製程時,Zn_2SnO_4/CdS 介面中的 Zn 和 Cd 會互相擴散,並形成 ZnxCd1-xS 層,此層可大幅的提升元件的效率。

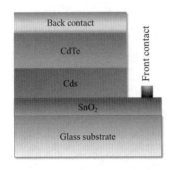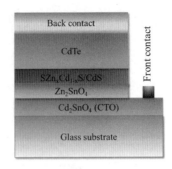

圖 8-2-3　CdTe 基本結構（左）及改善結構（右）（Hamakawa, Thin-Film Solar Cells, Springer, P.25）

8.2.4.2　效率及發展

　　在 1990 至 1995 年間，南佛羅里達大學發表了 15.8% 的元件效率之後，日本的 Matsushita 電池工業公司分別利用 MOCVD 和 CSS 法，沉積超薄 CdS（0.05μm）和 CdTe（3.5μm），製作出效率突破 16% 的元件。在這之後，投入最多研究的是美國再生能源中心 National Renewable Energy Laboratory（NREL），在 2000 年前後發表了許多將近 17% 的 CdTe 薄膜太陽能電池。而在大面積的應用方面，在 2000 年，First Solar 公司致力於研發 10% 的大面積模組。BP Solar 公司也推出了 38.2-W、4540cm2 的大面積模組，且具有 8.4% 的效率，且在 2009 年發表了發電成本低於 $0.76/Wp 的成品。在未來的發展中，材料的特性、介面特性、電極的選用與搭配及製程的改善，都是很重要的課題。此外，Te 在地球的含量也是個問題，照現今文明發展的速度，到了 2050 年，CdTe 元件所能提供的電量，只佔人類的總發電量不到 1%，這說明了材料的蘊含量限制了 CdTe 在未來的發展性，除了元件的成本考量，一個能永續開發的能源也是相當重要的。

8.2.5　CIGS薄膜太陽能電池

　　雖然矽在地球上的含量相當豐富，符合永續能源的概念，但矽本身是非直接能隙，在吸收光子後，會隨之產生聲子的釋放或吸收能量，導致矽

的吸收效率大幅降低。CdTe 和 CIGS 皆屬於直接能隙半導體，在光學的吸收效果會比矽來的較好，因此很適合製作薄膜太陽能電池。但因 CdTe 有含量的問題，違背了永續能源發展的初衷，因此 CIGS 逐漸受到重視。此外，CIGS 薄膜太陽能電池擁有極低的能隙（1.02eV），可增加太陽光的利用率，且在太陽光的持續照射下能擁有不錯的穩定度。早期使用的是 CIS，其單晶形態在 1980 年代已可達到 12% 的效率，在薄膜形態也有 6.6% 的效率。近年來，加入 Ga 使之變成 CIGS 的合金膜，改善對太陽光的利用率，其效率可達到 20% 以上，使之競爭力不亞於 CdTe 薄膜太陽能電池。

8.2.5.1　元件原理與製程

　　目前可做到高效率的 CIGS 元件結構為玻璃基板 /Mo/CIGS/CdS/ZnO/ 柵狀金屬電極 / 抗反射膜，如圖 8-2-4 所示。Mo 是 CIGS 最常用的電極，其優點是能耐製程高溫、防止 Cu 與 In 原子的擴散以及接觸電阻小，Mo 的沉積通常是用電子槍沉積法或濺鍍法。利用濺鍍法製作 Mo，CIGS 裡的 Se 會和 Mo 反應形成 MoSe2，而此層可幫助介面形成歐姆接觸，使接觸電阻降低。而在基板也有特殊的選擇－鈉鈣玻璃（soda lime glass），此基板的優點在於，Na 原子會從基板擴散至 CIGS 吸收層，使其導電性上升，進而增加元件效率。CIGS 吸收層的成長方式有共蒸鍍（coevaporation）及硒化法（selenization）。在共蒸鍍過程中，改變 In 對鎵的比例，僅對成長的動力學有稍微改變；而變動 Cu 的濃度，則會使薄膜有著不同的表面形貌，影響元件效率非常深遠。因此，在製程中，調配各材料的比例十分重要，例如為了得到較大的晶粒，就必須提升 Cu 的含量，而想要較好的電性，則要增加 In 的比例。目前能作出最高效率的製程為 NREL 所提出的三段式製程，如圖 8-2-5 所示。利用此製程製作出的 CIGS 表面會相當平滑，可減少與 CdS 接觸介面的缺陷，且能使緩衝層較均勻，減少 ZnO 沉積時的破壞。硒化法主要是應用在大面積製程上，此法主要是先在基板上沉積一前驅物，再利用加熱與通反應物的方法，成長 CIGS 薄膜。CdS 可利用化學浴沉積法（chemical bath deposition, CBD）成長，此沉積法可得到極高的效率，但因為不適合量

產，因此也有物理汽相沉積法（physical vapor deposition, PVD）的出現，但效率一直不及利用 CBD 成長的 CdS 之元件。CdS 緩衝層的意義在於，在濺鍍 ZnO 時，由高壓產生的電漿，會直接對 CIGS 表面造成破壞，形成缺陷，在元件操作時會有大量的介面複合。金屬電極必須擁有高透光度及高導電性，使元件能吸收更多的光以及將載子順利傳導出元件。

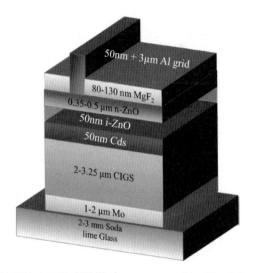

圖 8-2-4　CIGS 太陽能電池之高效率結構（Hamakawa, Thin-Film Solar Cells, Springer, P.29）

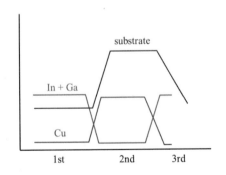

圖 8-2-5　CIGS 三段式製程各材料濃度調變

8.2.5.2　產業現況

為了使 CIGS 太陽能電池能與 CdTe 競爭，不僅效率要高，且製程要低

成本。在過去幾年，Siemes Solar Industries（SSI）、Day Star Technologies、Energy Photovoltaics（EPV）等公司皆投入大量研究，發表了許多 10-12% 之間的電池。在 2009 年，IBM 利用濕式製程製作出 12% 的大面積元件。而 NREL 也提出電鍍法的 $1m^2$ 的大面積模組，具有 10% 的效率。NREL 在 2000 年至 2010 年幾乎一枝獨秀，其效率皆在 18% 上下。2010 年，ZSW 公司發表了突破 20% 的 CIGS 薄膜太陽能電池，這不僅是 CIGS 製程的突破，也是整個薄膜太陽能電池的重要發現，這使得 CIGS 薄膜太陽能電池技術顯示出其低成本、高效率的潛力，相信在過幾年，15% 的 CIGS 電池也可製造成商品化的模組。

8.3 化合物太陽能電池

矽晶太陽能電池無法成為主流的原因，主要有下列因素。矽本身的吸收係數差，因此需要很厚的膜才能有效地吸收太陽光。要提高元件的效率，就必須提升矽的純度，這會讓製造成本大幅提升。此外，矽容易受到溫度改變而影響其性質，使之環境的容忍度下降。而目前最適合替代矽的材料，為 III-VI 族的化合物半導體，目前能達到 40% 以上的效率，便是三五族的 GaAs 太陽能電池，其高效率及穩定性，使之適合應用在高精密的設備上，例如軍事或衛星，但在民生用途，目前仍受限於其高製造成本。

8.3.1 III-VI化合物太陽能電池概觀

III-VI 化合物半導體，是由週期表上，第 III 和第 VI 族的元素所組成，目前常見的組合有 AlP、AlAs、AlSb、GaN、GaP、GaAs、GaSb、InN、InP、InAs 等。此種化合物半導體的特性會和矽或鍺不同，化合物半導體雖然每個離子都可藉由電子轉移的方式獲得 4 個電子形成價電子，但這些價電子的共價鍵會因材料的陰電性，產生離子鍵的特性，因為使其鍵結強度高於一般的矽或鍺半導體。此外，在能隙調變上，III-VI 半導體也有相當大

的改善空間，可用三元或四元混合的方式製作出各種能隙的化合物，在不同性質化合物的搭配下，可改善其元件的效率。另外，III-VI 族半導體是屬於直間能隙，因此在吸收光子並激發電子的時候，並不會有聲子釋放或吸收能量的改變，使之對太陽光的利用率較高，因此不需要太厚的膜即可有很強的光吸收。III-VI 族化合物半導體在光電子元件上已有成熟的技術發展，其沉積的方式，包含液相磊晶法（liquid phase epitaxy, LPE），分子束沉積法（molecular beam epitaxy, MBE），金屬有機化物汽相沉積法（metal-organic CVD, MOCVD），和金屬有機汽相磊晶法（metal-organic vapor phase epitaxy, MOVPE）。而 III-VI 族化導體中，目前最常用的是 GaAs，同時也是最適合光陽能科技的化合物之一，其它多元化合物半導體，如 $Al_xGa_{1-x}As$ 和 $In_xGa_{1-x}As$ 也是太陽能研究的重心，其中 InP 具有很強的抗輻射之穩定特性，因此極適合應用在外太空的衛星上。

　　GaAs 有許多勝於矽的優點，矽晶太陽能電池在高溫下，載子會產生大量的複合，以及能隙會變窄，使其元件效率會有極大的降低。而 GaAs 在高溫下並不會有如此劇烈的變化，使之比矽晶更適合在高溫下操作。此外，GaAs 也有極佳的抗輻射特性，相較於矽晶，也有外太空應用的潛力。雖然 GaAs 並不需要像矽晶那麼厚的元件，但其製造成本卻比矽晶元件高上 5 至 10 倍，且要得到純 GaAs 也比純矽晶還要來得昂貴，因此目前只有高精密的科技會運用到 GaAs 太陽能電池。僅管如此，近年來，GaAs 的技術仍然持續的在發展，製造成本也日益降低，未來仍有可能將其應用在各種不同的領域。

8.3.2　GaAs太陽能電池設計

　　GaAs 可分別利用碳及矽摻雜，使之成為 p 或 n 型半導體，且皆具有極佳的擴散長度，因此可形成 P-N 或 N-P 的結構，如圖 8-3-1 所示。實際上，p^+-n 會比 n^+-p 結構的效率還要來的高。而在元件的設計上，必須考慮到介

面的複合、串聯電阻、與基板的成本。雖然 GaAs 電池幾乎在所有波長的吸收都不錯，但在長波長下，其介面的複合較嚴重，因此欲提升元件效率，則必須改善這些缺點。另外，因此 GaAs 各層都很薄，所以必須成長在有一定機械承載力的基板上，雖然 GaAs 有著最佳的搭配性，但其製造成本實在過於昂貴，會大幅降低其應用價值。在複合的問題上，可用 p^+-p-n 結構改善，p^+-p 的介面會形成能障，此能障可降低反射少數載子的流動，降低少數載子在介面的複合。另外，如圖 8-3-2 所示，可用一寬能隙的 p 型 GaAs，例如 AlGaAs，置於 p 型 GaAs 前，此寬能隙材料也會在與 p 型 GaAs 介面上形成能障，減少複合。而串聯電阻是所有太陽能電池都必須考慮的因素，因為必須要有低串聯電阻才能提高光電流的導出，在 GaAs 太陽能電池格外重要，因 GaAs 電池除了外太空的應用，還有一項重要的發展 - 聚光系統的運用。在聚光的太陽光照射下，串聯電阻的高低會大幅的影響元件的效率，對於 GaAs 太陽能電池而言，為了能有效地降低串聯電阻，元件必須設計使之操作在高注入（high injection level）的情況下，此時需要有重摻雜的 GaAs 以及特殊的電極設計。基板的選擇在元件設計上，也扮演著很重要的角色。為了避免晶格不匹配的情況而產生介面缺陷，最理想的基板即是 GaAs，但其價格昂貴。雖然 Ge 的晶格常數與 GaAs 接近，適合作為大面積基板，但因其稀有度，使之應用性受到限制。其解決方法仍然持續研究中，以長遠的眼光來看，矽、金屬或玻璃基板仍是必要的發展方向。

　　雖然 GaAs 太陽能電池單一元件的效率已經高出其它種類的太陽能電池很多，但如果要更一步突破，就必須要使用多層堆疊的元件設計才行。一般堆疊式的元件，是利用各種不同吸收波段的元件組合而成，來達到對太陽光頻譜最大的利用。在材料的選用上，能隙越小的材料，吸光的範圍越廣，使得光電流可以大幅提升，但能隙小的材料卻會降低開路電壓，而且當光子能量大於該材料能隙時，其餘的能量會以熱的形式釋放，而造成一種浪費。若是選用能隙大的材料，雖然可得到較高的開路電壓，但是卻會導致光電流降低。因此，在堆疊式元件的設計裡，能隙便是很重要的課題。一般設計是希

望每一層的元件都能吸收到等量的光譜，達到最佳的電流匹配性。因此最上層的能隙要最大，才能使其它的光進入下一層，而在最下層時能隙最小，例如 GaInP/GaAs/Ge 三堆疊太陽能電池。除了能隙上的考量，各材料之間的晶格匹配性也很重要，因此晶格不匹配會造成介面的缺陷，增加載子複合的機率而降低元件效率。如上述的例子，GaInP、GaAs 及 Ge 三者的晶格常數相當匹配，這也是為什麼這三種材料可達到 30% 以上高效率的原因之一。

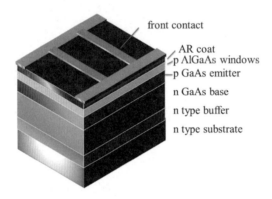

圖 8-3-1　GaAs 太陽能電池基本結構（Nelson, The Physics of Solar Cells, Imperial college press, P.204）

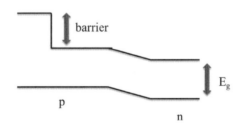

圖 8-3-2　GaAs 太陽能電池改善複合的原理（Nelson, The Physics of Solar Cells, Imperial college press, P.207）

8.3.3 有機太陽能電池

有機太陽能電池（organic solar cell）有別於傳統的無機太陽能電池，在照光後並不會立即產生自由的電子電洞對，而是形成受束縛的電子電洞對—激子（exciton），此激子一般來說需要極高的電場大小才有辦法被拆解形成自由的電子與電洞，因此在早期的單層元件中，其效率由於受到激子拆解率的限制，僅能達到 0.01%。為了能提升激子的拆解率，Chamberlain 團隊在主動層染料裡摻雜高游離能材料，使得激子能從主體染料透過能量轉移至摻雜物的激發態，再被拆解成自由載子而形成光電流，此舉大幅的提升了元件的光伏特性（photovoltaic property），使效率可達到 0.36%。到了 1986 年，鄧青雲博士在應用物理期刊（Applied Physics Letters）發表了效率 1% 的有機小分子太陽能電池（small-molecule organic solar cell），此論文最大的突破，是分別以 CuPc 和 PV 為施體（donor）和受體（acceptor）材料，形成異質接面（heterojunction）的雙層結構，其結果顯示，此種雙層結構的元件光電特性完全不受施加偏壓的影響，代表著激子並不是藉由電場所拆解，而是經由 CuPc 和 PV 的介面所拆解，大幅的提升光電流的產生與填充因子，此結構也一直被沿用至今。其激子在施、受體間拆解的行為，也在高分子太陽能電池（polymer solar cell）中觀察到，並提出有效的拆解條件，如下式所示。

$$I_D - A_A - U_C < 0 \tag{8.3.1}$$

I_D 為施體的電子游離能，A_A 為受體的電子親和力，U_C 為激子的庫侖力，在材料的能階符合式（8.3.1）的條件，激子便能有效地被拆解而形成光電流。也因為施、受體概念的提出，在 1995 年 Heeger 團隊利用 MEH-PPV 混合 PCBM 的方式，製作出高效率的高分子太陽能電池。另一方面，早在 1970 年代就已經出現染料敏化電池（dye sensitized solar cell）的研究，但普遍效率都不高，直到 1991 年，Regan 和 Graetzel 利用 TiO_2 增加電子的

收集率，而達到跨世代的突破，此三種有機太陽能電池的研究至今仍然持續中。染料敏化電池一直有出眾的效率，但因為電解液造成元件壽命的影響，一直沒有進一步的商業化；高分子太陽能電池是屬於薄膜元件，因此在壽命有較大的穩定性，且目前已有許多有關軟性電子及大面積產品的製程出現，其中又以 Yang 團隊發表高於 10% 的高分子太陽能電池為由，離產品化目標指日可待；目前仍然處於效率開發階段的小分子有機太陽能電池，其潛在的應用價值也不容忽視，相較於高分子太陽能電池，小分子太陽能電池的製程較為穩定，且再現性高，這對商品化應用是個極大的優點，另外，也因為許多研究單位的投入，目前小分子太陽能電池的效率已經提升許多，相信不久的將來小分子也能加入商品化的競爭。

8.4　染料及有機太陽能電池

有機太陽能電池依原理主要分為兩類，一種是染料敏化，一種是小分子和高分子。染料敏化電池的結構如圖 8-4-1 所示，其常見的結構包含基板、透明導電氧化物（transparent conductive oxide, TCO）、多孔態 TiO_2、染料、含碘電解質、背電極，其作用原理主要是染料吸收太陽光後，電子會被激發至激發態，TiO_2 會將此電子補捉，並傳導至透明導電電極，此時染料可經由電解質中的碘獲得電子被還原，而碘可再至背電極重新獲得電子進行還原，重覆此步驟而形成光電流。而小分子和高分子電池是利用施、受體介面的拆解，使激子能形成光電流，一般結構如圖 8-4-2 所示。因為製程的不同，小分子和高分子太陽能電池結構上也有些許不同。小分子結構包含基板、透明導電電極、小分子施體與受體、緩衝層、全反射電極。高分子結構包含基板、透明導電電極、PEDOT：PSS、施體受體混合層、電極。在小分子的熱蒸鍍製程中，分為單層蒸鍍的平面接面（planar heterojunction）結構和混合蒸鍍的混合接面結構（bulk heterojunction），而高分子大部份都是以混合溶液製程的混合接面結構，雖然不同的結構效率上影響有相當大的不

同，但在原理上很類似，皆有四個步驟，如圖 8-4-3 所示。第一個步驟為光的吸收（light absorption），在吸收特定的能量後，處於基態的電子會被此能量激發而躍遷至激發態，形成受束縛的電子電洞對 - 激子。激子的產生分佈於整個元件中，會因為濃度的分佈不同產生擴散作用，形成所謂的激子擴散（exciton diffusion）。當激子擴散至施、受體介面時，激子會透過能量轉移將電子或電洞轉移給受體或施體，稱為激子拆解（exciton dissociation）或能量轉移（charge transfer），而形成自由載子。電子或電洞再經由受體或施體材料的傳遞，被電極所收集，稱為電荷傳輸（charge transport）或電荷收集（charge collection），最後形成光電流而傳送至負載。

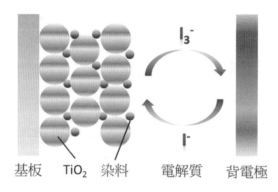

基板　TiO$_2$　染料　　電解質　　背電極

圖 8-4-1　TiO$_2$ 染料敏化電池基本結構

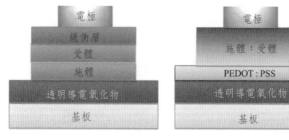

小分子有機太陽能電池　　　高分子有機太陽能電池

圖 8-4-2　小分子與高分子有機太陽能電池結構示意圖

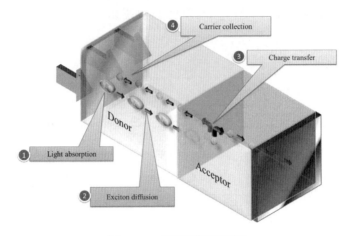

圖 8-4-3　激子拆解示意圖

8.4.1　小分子有機太陽能電池

　　小分子有機太陽能電池自從 1986 年鄧青雲博士發表效率 1% 之具有突破性的元件以來，光電轉換效率已有相當大地改善，雖然其效率仍無法與染料敏化及高分子太陽能電池相比，但其製程的穩定度與元件的再現性，使小分子太陽能電池仍然在學術和商業領域裡佔有一席之地。

8.4.1.1　效率的演進

　　自從施、受體的概念被發表出來後，陸續的研究也皆以此結構為基礎。到了 2000 年，Forrest 團隊導入了激子阻擋層的概念，提升元件的內部和外部量子效率。並在 2001 年將 C_{60} 當成受體材料，利用 C_{60} 的高載子傳輸特性與較長的激子擴散長度，使得雙層元件的效率大幅提升。他們也在 2003 的 Nature 期刊發表了小分子混合接面結構的元件，並說明了利用製程的調變，例如蒸鍍的方式、環境以及熱退火的處理，可以控制小分子的混合形貌，來達到高效率的應用。然而因為 CuPc 本身的激子擴散長度有限，且載子遷移率並不理想，因此在效率上的提升在該時期已達到瓶頸。因此，在有機場效電晶體有著極高的載子遷移率及結晶特性的材料，pentacene，

也在 2004 年被導入小分子有機太陽能電池的製程內,其能階特性類似於 CuPc,但因為 pentacene 的吸收頻譜更廣,且具有更佳的電子傳輸特性,使得光電流有效的提升,進而得到更高的效率。另外,熱退火的處理,也讓 pentacene/C_{60} 結構的太陽能電池,藉由更佳的結晶特性,產生更多的光電流。在這之後,也有許多廣吸收的材料,被應用於小分子有機太陽能電池,增加元件對太陽光頻譜的覆蓋率,提升太陽光的利用率。並利用串座元件(tandem device)的概念,將兩在吸收範圍互補的材料或元件串接,藉此提高光電流,達到全波段吸收的太陽能元件。此外,也有許多研究團隊利用混合蒸鍍的方式,增加施、受體的接觸面積,提高激子的拆解率,讓光電流提升。除了材料與元件結構的改善,光場的效應也逐漸受到重視,由於小分子有機太陽能電池的厚度一般都小於 100nm,且材料擁有特定的折射係數,使得光場的分佈正好會有一個完整週期落在元件內,這意味著能透過厚度的改變,將施、受體的介面調整至光場峰值,使激子的產生與拆解達到最佳化,陰極的光學性質也對光場的強度與分佈有很大的影響。在光場調變的研究中,其中以 Leo 團隊最著名,他們能利用含有摻雜物的有機層,達到極高的載子遷移率,因此能以不影響傳輸特性的前提下,改變此有機層的厚度,將拆解激子的介面位移至光場的峰值,此舉對於串座元件是相當重要的應用。因為在串座元件裡,元件整體的光電流會受限於產生電流最小的單一元件,若能將各單一元件的位置調整至適當的波長峰值,將能使元件的光電流達到最大的輸出。

雖然改善光電流能提升元件的效率,但小分子材料的吸收以及傳輸特性都有限,且目前的元件光電流其實都已經有相當不錯的提升,因此勢必要朝向其它的參數作改善。傳統的施體材料 CuPc 與 pentacene 雖然都能在光電流有不錯的表現,但因為它們的能階類似,都是屬於低能隙(low band gap)的材料,因此和 C_{60} 搭配,皆無法有良好的開路電壓。針對開路電壓的提升,與 pentacene 擁有類似的光電特性,但卻有較大能隙的材料,tetracene,被應用於太陽能電池中,且同時具有高開路電壓和高光電流的特

性，雖然這對效率相當有益，但開路電壓仍有很大的改善空間。到了 2006 年，Forrest 團隊利用 SubPc，一具有極低的 HOMO 能階材料，與 C_{60} 搭配，達到接近 1V 的開路電壓，且其吸收頻譜也相似於 CuPc，因此也能有與 CuPc 相近的光電流，最後因為接近兩倍提升的開路電壓，使得元件效率提升了約兩倍，這對新一代的小分子有機太陽能電池實為一創舉，也激勵了更多的研究團隊致力於研發新的低 HOMO 材料，來改善元件的開路電壓。然而，即使開路電壓能有效地提升，但效率相較於高分子和染料敏化電池，仍然有相當大的進步空間，其原因主要是受限於平面接面結構，只有單一拆解介面，造成光電流偏低的現象。除此之外，C_{60} 本身的吸光強度也不佳，因此近年來出現了 C_{70} 的使用，其特點在相較於 C_{60} 有更高的吸收係數及更寬的吸收頻譜，所以在元件內取代 C_{60}，能擁有更高的光電流。僅管在材料的演進上，使用低 HOMO 能階的施體與高吸收係數的受體，能提升元件的開路電壓與光電流，但效率仍然受限於激子拆解面積。因此近年來的小分子研究中，也廣泛的使用混合蒸鍍的製程來提升效率，其中以鄧青雲團隊所發表的低摻雜施體結構最具突破性，以及汪根樣團隊利用自行合成的施體材料製作出 6.4% 的元件，使小分子有機太陽能電池朝商品化邁進一大步。

8.4.2 元件壽命及應用

雖然小分子太陽能電池這幾年來，透過混合蒸鍍製程，元件效率已經大幅改善，但其混合蒸鍍製程並無法有效地控制施、受體間的相分離及形貌，因此最近也有許多濕式製程的小分子太陽能電池出現，即使效率還不高，但應用在量產製程的潛力無窮。除了效率的考慮，元件的壽命也是一項重要的課題，由於小分子有機物是屬於較離散的分子，因此很容易受到照光、加熱或其它環境因素（例如氧氣及濕氣）所影響，進而影響壽命的表現。已有許多研究團隊利用加熱的方式，來觀察元件壽命的衰退，並利用擁有較高熱穩定性的材料取代傳統的材料，改善熱效應對元件的影響。然而，太陽能電池

終究是要應用在室外環境，除了阻隔水氧特性要好以外，還要能承受太陽光的直接曝曬。很不幸地，小分子有機太陽能電池目前在太陽光下照射的壽命不盡理想，一般為數百至數千小時，主要是因為小分子在結構上相當鬆散，在連續太陽光的照射下分子可能會轉動甚至重新排列，造成金屬與有機之間接觸變差或是失去原有的特性。雖然壽命的問題，讓小分子有機太陽能電池離量產化還有許多改善的空間，但是，因為小分子價格便宜，且製程也容易，相反於矽晶或化合物半導體太陽能電池，如果能作為攜帶型的太陽能電池，也是個極有潛力的市場。

8.4.3　高分子太陽能電池

高分子有機太陽能電池自 1995 年由 Heeger 團隊製作出第一個混合接面的元件後，至今仍是最有潛力被應用在商品化的有機元件，也因為最常見的製程都是將施、受體混合的單層元件，且能利用熱退火及改變混摻比例來改善效率，因此其效率自始至終皆遙遙領先小分子有機太陽能電池，成為有機太陽能元件發展的主力。

8.4.3.1　元件效率與發展

1993 年，Heeger 團隊首度用高分子與 C_{60} 形成的異質接面製作太陽能電池，到了 1995 年，他們進一步將 C_{60} 改質成可溶的 PCBM，將 MEH-PPV 和 PCBM 混合，製作第一個高效率的高分子太陽能電池，此代表作也開啟了以 PCBM 為受體材料之高分子太陽能電池研究的大門。2001 年，Brabec 團隊利用 MDMO-PPV 混合 PCBM 的混合結構，並將材料混合不同的溶液，比較其效率，發現使用極性較強的溶液，能將高分子更均勻的混合，抑制材料分子間強烈的相分離，使得載子在各別的材料裡能有較佳的傳輸特性，達到更高的光電流，最後製作出效率 2.5% 的元件。在 2003 年，Hummelen 團隊使用 P3HT 當作施體及 PCBM 當作受體，製作太陽能電池，雖然早期的 P3HT：PCBM 的元件，效率不甚理想，但許多團隊致力於利用後處理的製

程來改善元件效率，在 2005 年，由 Nelson 團隊和 Carrol 團隊分別利用熱處理的方式，將元件的效率提升到 3% 至 4.9%，奠定了 P3HT 在高分子有機太陽能電池的基礎。同樣地，Heeger 團隊也在同年發表了近 5% 的元件，並在 2006 年，導入 TiO_x 層當作光場調變層，將效率正式推進至 5%，在 2007年，利用串接結構，將效率突破至 6.7%，創下當時的最高紀錄，使高分子太陽能電池達到能量產的門檻。在這段期間，由於高分子材料的多樣性，也有許多團隊在研究低能隙的材料，使吸收的範圍紅移，用以增加材料對太陽光頻譜的響應，以增進光電流。此外，選用一短波長吸收及一長波長吸收的元件，可提高整體串座元件對太陽光的利用率，這對於串座的元件而言，也是相當重要的研究。而最著名的低能隙材料，是由 Yang 團隊在 2009 年後陸續所發表一系列的 PBDTTT 材料，其效率可達 7% 以上。在 2012 年，So團隊利用 PDTG-TPD 材料，以及 $PC_{71}BM$ 取代傳統的 $PC_{60}BM$，並用 ZnO當作光場調變層，製作倒置結構的高分子太陽能電池，使效率一舉提升至 8% 以上。同年，Yang 團隊也在 Nature Photonics 上發表了利用 P3HT、PBDTT-DPP、$IC_{60}BA$、以及 $PC_{71}BM$ 四種材料所製備的串接式太陽能電池，其特點在於此元件的吸收頻譜含蓋了整個太陽光頻譜，使功率轉換效率達到8.62%，為現今效率最高的高分子有機太陽能電池。

8.4.3.2 元件製程及應用

　　隨著元件效率的改善，高分子有機太陽能電池已逐漸向量產化邁進，因此製程的改善也是相當重要，而在量產上最有潛力的應用價值，莫過於其簡易的濕式製程即可製備的大面積及軟性電子的應用。在大面積的應用，高分子材料本身可經由濕式製程，例如旋轉塗佈、噴墨法、刮膜法、滾動式（roll-to-roll）…等，製成大面積的薄膜，但高分子材料本身的鏈長不固定，且無法控制高分子的分佈，因此薄膜的成份可能會有不均勻的現象，而影響再現性及穩定性。此外，大面積元件所需的透明導電電極也必須具有極高的導電性，否則元件的光電流會受限於導電電極的電阻，降低元件的實用價值。這兩項缺點也逐漸受到重視，並提出方法改善。例如可用熱退火的方

式，進一步的控制高分子的形貌，以及使用柵狀電極來取代傳統的透明導電膜 - 銦錫氧化物（indium tin oxide），甚至近幾年來，石墨稀的導入，大大的改善了透明導電電極的電性，使得大面積的應用指日可待。軟性基板的應用目前最需被突破的地方就在基板的選用，因為在製作高品質的透明導電電極時，一般都需加熱到 300 度以上，才能維持一定的穿透度與導電性，然而，傳統的軟性基板，如 PEN 或 PET，雖然很透明，但耐熱度不佳，一般只能到 100 度左右，所以目前可撓性有機太陽能電池的效率主要受限於透明導電膜的製作，因此，開發出一個可耐高溫且具有高透光性的軟性基板，也是目前軟性電子研究的重點。如前所述，雖然高分子有機太陽能電池的未來應用，均有待開發的部份，但在量產製程上，已經有許多成熟的技術可見，且每年均可在各大太陽能展看到其成品，也有許多公司投入量產的計劃。而在滾動式製程中，以 Krebs 團隊的軟性製程最著名，他們不止開發出軟性製程的設備，且能改變其製程參數來達到最佳化的效率。

8.4.4　染料敏化太陽能電池

第一個具有高效率且低成本的染料敏化有機太陽能電池，是在 1991 年由 Gratzel 團隊所發表，他們利用 TiO_2 奈米結晶多孔膜作為收集電子的電極，使效率大幅提升。在 1993 年，進一步利用 Red-dye 來製作濕式染料敏化太陽能電池，創下當時遙不可及的紀錄。由於在當時其元件已具有相當可觀的效率，因此染料敏化太陽能電池早已被考慮用來製作軟性電子的應用。在 1998 年，已有製作在軟性基板的元件，當時是利用低溫燒結的方式製作 TiO_2 電極，避免因高溫而造成對軟性基板的破壞。但因為濕式的電解液，在製作硬板上，已經有不均勻的問題，再加上軟性基板密封性不佳，可能會有漏液的問題。因此同年，Tennakone 團隊發表了固態的染料敏化電池，雖然因固態電解質在反應的速度比液態電解質來的慢而造成效率的降低，但考慮其量產的穩定性，勢必要往固態的染料敏化電池作發展。在 2000 年，日

本東芝發表了固態電解質染料敏化電池的相關產品，激勵了許多研究團隊在之後的發展。例如，在 TiO_2 製程的改善、新型有機染料的開發與固態電解質的研究。到了 2003 年，Gratzel 團隊發表一高效率的染料 N719，將效率一舉突破至 10% 以上，並在 2004 年繼續發表高達 11% 的新式染料敏化電池，此效率已達量產門檻。在 2008 年日本 Sony 也宣佈投入量產技術，採印刷製程製造染料敏化電池，其成本僅約矽晶太陽能電池 1/10 左右。而國內也有永光化學在提供染料的原料，成為少數能提供原理的廠商。但如前所述，液態電解質始終會被固態電解質取代，因此在應用方面，固態電解質為現今的主流。而固態的染料敏化電池現今已有 7% 的效率出現，若能在異質介面及電解質導電性上的問題進一步克服，相信不久的將來能看到染料敏化電池的商品。

8.4.5　太陽能電池模組化技術

由於單一太陽能電池的發電量，並不足以提供一般家電所需的功率。因此，一般太陽能的應用中，會將數個太陽能電池串接，形成模組，以提高其總發電量。太陽能電池模組如圖 8-4-4 所示。電池的串將通常是用銅箔，分別接在兩電池的正面及反面，此銅箔必須有一定的厚度才能降低電阻。而模組內部的太陽能電池正反面，皆由一種高分子塑膠（ethylene-vinyl-acetate, EVA）所包覆。在模組的正面，外了避免外在環境的破壞，會使用強度較強的鈉鈣玻璃（soda lime glass），此玻璃除了要有足夠的機械承載度及透光性，其含鐵量也必須控制在一定的量以下。現今，會雜入鈰原子於鈉鈣玻璃內，利用鈰對於紫外光吸收的特性，增加整體模組的可靠度。至於模組的背面，會使用複合塑膠，以阻擋水及氧氣的侵入。而將各層堆疊後，會透過真空封裝的技術，完成模組的封裝。其過程必須加熱，使 EVA 熔化而緊密貼覆於太陽能元件上，之後再冷卻完成封裝。最後，將多餘的 EVA 裁切，用矽膠封住模組的側邊，再安裝外框，即完成太陽能電池模組的製作。

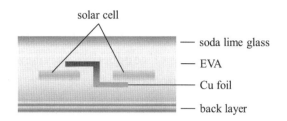

圖 8-4-4　太陽能電池模組化技術示意圖

參考書目

1. M. M. Aliyu, M. A. Islam, N. R. Hamzah, M. R. Karim, M. A. Matin, K. Sopian, and N. Amin, Int. J. Photoenergy 2012, 351381 (2012).

2. A. Jager-Waldau, Int. J. Photoenergy 2012, 768368 (2012).

3. B. Bob, B. Lei, C.-H. Chung, W. Yang, W.-C. Hsu, H.-S. Duan, W. W.-J. Hou, S.-H. Li, and Y. Yang, Adv. Energy Mater. 2, 504 (2012).

4. F.-Q. Huang, C.-Y. Yang, and D.-Y. Wan, Front. Phys. 6, 177 (2011).

5. T. Wada and T. Maeda, Jpn. J. Appl. Phys. 50, 05FA02 (2011).

6. M. Konagai, Jpn. J. Appl. Phys. 50, 030001 (2011).

7. A. H. I. Lee, H. H. Chen, H.-Y. Kang, Ren. Sust. Energy Rev. 15, 1271 (2011).

8. Z. Fang, X. C. Wang, H. C. Wu, and C. Z. Zhao, Int. J. Photoenergy 2011, 297350 (2011).

9. 張正華，「有機與塑膠太陽能電池」，五南出版社。

10. C. W. Tang, "Two-layer organic photovoltaic cell,"Appl. Phys. Lett. 48, 183 (1986).

11. B. O'Regan and M. Gratzel, "A low-cost, high-efficiency solar cell based on dye-sensitized colloidal TiO$_2$ films," Nature 353, 737 (1991).

12. N. S. Sariciftci, D. Braun, C. Zhang, V. I. Srdanov, A. J. Heeger, G. Stucky, and F. Wudl,"Semiconducting polymer-buckminsterfullerene heterojunctions: Diodes,

photodiodes, and photovoltaic cells," Appl. Phys. Lett. 62, 585 (1993).

13. L. Smilowitz, N. S. Sariciftci, R. Wu, C. Gettinger, A. J. Heeger, and F. Wudl, "Photoexcitation spectroscopy of conducting-polymer-C60 composites: Photoinduced electron transfer," Phys. Rev. B 47, 13835 (1993).

14. S. E. Shaheen, C. J. Brabec, N. S. Sariciftci, F. Padinger, T. Fromherz, and J. C. Hummelen, "2.5% efficient organic solar cells," Appl. Phys. Lett. 78, 841 (2001).

15. D. Chirvase, Z. Chiguvare, M. Knipper, J. Parisi, V. Dyakonov, and J. C. Hummelen, "Temperature dependent characteristics of poly(3 hexylthiophene)-fullerene based heterojunction organic solar cells," J. Appl. Phys. 93, 3376 (2003).

16. Y. Kim, S. A. Choulis, J. Nelson, D. D. D. Bradley, S. Cook, and J. R. Durrant, "Device annealing effect in organic solar cells with blends of regioregular poly(3-hexylthiophene) and soluble fullerene," Appl. Phys. Lett. 86, 063502 (2005).

17. M. Reyes-Reyes, K. Kim, and D. L. Carroll, "High-efficiency photovoltaic devices based on annealed poly(3-hexylthiophene) and 1-(3-methoxycarbonyl)-propyl-1-phenyl-(6,6) C61 blends, " Appl. Phys. Lett. 87, 083506 (2005).

18. W. Ma, C. Yang, X. Gong, K. Lee, and A. J. Heeger, "Thermally stable, efficient polymer solar cells with nanoscale control of the interpenetrating network morphology," Adv. Funct. Mater. 15, 1617(2005).

19. J. Y. Kim, S. H. Kim, H.-H. Lee, K. Lee, W. Ma, X. Gong, and A. J. Heeger, "New architecture for high-efficiency polymer photovoltaic cells using solution-based titanium oxide as an optical spacer," Adv. Mater. 18, 572 (2006).

20. J. Y. Kim, K. Lee, N. E. Coates, D. Moses, T.-Q. Nguyen, M. Dante, and A. J. Heeger, "Efficient tandem polymer solar cells fabricated by all-solution processing," Science 317, 222(2007).

21. P. Peumans, A. Yakimov, and S. R. Forrest, "Small molecular weight organic thin-film photodetectors and solar cells," J. Appl. Phys. 93, 3693 (2003).

22. R. Pandey, A. A. Gunawan, K. A. Mkhoyan, and R. J. Holmes, "Efficient organic photovoltaic cells based on nanosrystalline mixtures of boron subphthalocyanine chloride and C60," Adv. Funct. Mater. 22, 617 (2012).

23. S.-W. Chiu, L.-Y. Lin, H.-W. Lin, Y.-H. Chen, Z.-Y. Huang, Y.-T. Lin, F. Lin, Y.-H.

Liu, and K.-T. Wong, "A donor-acceptor-acceptor molecule for vacuum-processed organic solar cells with a power conversion efficiency of 6.4%," Chem. Commum. 48, 1857 (2012).

24. S. R. Forrest, "The limits to organic photovoltaic cell efficiency," MRS Bull. 30, 28(2005).

25. B. P. Rand, J. Genoe, P. Heremans, and J. Poortmans, "Solar cells utilizing small molecular weight organic semiconductors," Prog. Photovolt: Res. Appl. 15, 659 (2007).

26. R. Timmreck, S. Olthof, K. Leo, and M. K. Riede, "Highly doped layers as efficient electron-hole recombination contacts for tandem organic solar cells," J. Appl. Phys. 108, 033108 (2010).

27. G. Li, R. Zhu, and Y. Yang, "Polymer solar cells," Nat. Photon. 6, 153 (2012).

28. R. Roesh, F. C. Krebs, D. M. Tanenbaum, "Quality control of roll-to-roll processed polymer solar modules by complementray imaging methods," Sol. Energy Mater. Sol. Cells 97, 176 (2012).

29. J. Boucle and J. Ackermann, Polym. Int. 61, 355 (2012).

第九章

材料科技在太陽光電的應用發展

作者　李昆益

9.1　前言

一般而言，太陽能電池材料必須具有以下特性：

①能隙介於 1.1eV 和 1.7eV

②為直接能隙半導體材料

③材料組成無毒性

④可大面積製作

⑤具有良好的光電轉換效率

⑥使用壽命長且具穩定性

　　在太陽能電池中，主要皆是以半導體材料為主，分別為矽材料和化合物兩類。其中矽材料為太陽能電池中最為重要的元素半導體材料，因為矽材料在地球上元素含量豐富，化學穩定性和無汙染的特點，使得太陽能電池材料中有 94% 皆是使用矽作為太陽能電池材料。以矽材料為主的太陽能電池分別是單晶矽電池、多晶矽電池和非晶矽電池。

　　雖然矽材料在太陽能電池材料中的使用較為大宗，不過化合物半導體材料也是發展快速。因為化合物材料大部分都為直接能隙材料，吸光係數較高，可大面積製作且可製作為於軟性基板，製成簡易成本較低，材料厚度僅需數微米即可具高轉換效率，所以化合物材料也是太陽能電池材料中的另一發展重點。在化合物電池中，主要分為 GaAs、CdTe、CdS、CuInSe$_2$ 等化合物太陽能電池。

9.2　矽晶太陽能電池材料

　　在太陽能電池中，矽材料因具有獨特的性質，地殼含量豐富且化學性質穩定在半導體工業和電子業均為不可或缺的材料。

矽材料的基本性質如下：

①本質載子濃度為 1.5×10^{10} 個 $/cm^3$，本質電阻率為 $1.5 \times 10^{10} \Omega \cdot cm$，電子遷移率為 $1350 cm^2/(V \cdot s)$，電動遷移率為 $480 cm^2/(V \cdot s)$

②矽為四價元素，可以因摻雜的材料不同而改變其電阻率，如摻雜 3 價元
素（硼、鎵）材料的矽稱為 P 型半導體材料，提供電洞；摻雜 5 價元素
（磷、砷）材料的矽稱為 N 型半導體材料，提供電子

③矽材料的能階為 1.12eV，適合作為太陽能電池材料

在本節中，將介紹矽材料相關的太陽能電池材料，分別為單晶矽、多晶
矽和非晶矽太陽能電池材料，矽材料的三種型態如圖 9-2-1 所示，在各章節
中將會細說材料特性和製程。

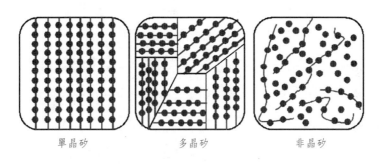

單晶矽　　　　　　多晶矽　　　　　　非晶矽

圖 9-2-1　矽材料的三種型態

9.2.1　單晶矽太陽能電池材料

單晶矽材料很廣泛的應用在日常生活之中，因為可以製作成各種元
件，如光敏元件、熱敏元件、壓力感測元件、電子通信設備、電晶體、積體
電路和太陽能電池元件等等，不管在科技或是工業上都是不可或缺的。而單
晶矽太陽能電池為最早發展的太陽能電池，其主要的材料即為單晶矽片。

9.2.2　單晶矽（single crystalline silicon）製作

單晶矽為重要的晶體矽材料，而在製作單晶矽的方法分為兩種，分別是
柴可夫斯基法（Czochralski），也稱做 CZ 法或是直拉法，另一種為懸浮區
域融煉（float zone），也稱為 FZ 法。在這兩種方法中，因為具有不同的特

性所以有不同的應用領域，在 FZ 單晶矽主要應用於大功率元件，不過因為無法大面積製作且製作成本高，所以只應用在小部分需要高轉換效率的元件上，市占率不高；而 CZ 單晶矽主要應用在微電子積體電路和太陽能電池元件，且其製作成本較低，機械強度較高和易製作大面積，所以在單晶矽太陽能電池主要都以 CZ 單晶為主要製作方法和材料。

9.2.2.1　柴氏法

CZ 拉晶法是在 1917 年，由柴可拉斯基所提出，為一種觀察固體與液體間介面結晶速度的方法，真正應用於半導體的長晶製程，是在 1950 年，由 Teal 和 Little 所利用。至今，仍是半導體產業成長單晶矽的主要方法。在柴氏法單晶矽製程中，順序步驟為：多晶矽的裝料與熔化、晶種準備、拉晶、完成，其 CZ 法過程如圖 9-2-2 所示。

1.多晶矽的裝料與熔化

一開始先將高純度的電子級矽材料裝填入石英坩鍋中，電子級矽其矽純度達到達 99.999999999%，而電子級矽材料即為高純度的多晶矽材料。不過因為多晶矽材料的排列不規則，須先熔融後才可製備程單晶矽。待加熱溫度達到矽材料熔點 1412℃即可熔化，熔化之後需保溫等待熔融矽的溫度和流動性穩定後才可以拉晶。

2.晶種準備與拉晶

在晶種旋轉軸上準備一塊單晶晶種，晶種是已經有固定方向的單晶，其形狀可為長方形或是圓柱形，而一般晶種的方向大多為〈100〉或是〈111〉。待晶種準備好後便可以使的裝備有單晶晶種的旋轉軸慢慢向下，下降到離熔矽表面幾公釐，為了是使單晶晶種溫度與熔矽溫度近乎相同，再使單晶晶種緩緩下降與熔矽表面接合，隨後就可開始拉晶。圖 9-2-3 為拉晶完成後晶棒。在製程中，主要的污染來源是石英坩鍋表面上因加熱而形成的雜質，因此，有人提出可在其表面塗上一層含有結晶水的氫氧化鋇，防止雜質的污染。

晶棒長晶完成後，將切片成太陽能電池所用的單晶矽晶片，厚度約為數百微米（200～300μm），而切割成片的好晶圓，會經過機械研磨加工和化學處理，使得表面光滑如鏡，就可以成為單晶矽太陽能電池的材料。如圖3所示。而在單晶矽太陽能電池使用上，大都應用於光電發電站、航太電源或是一些小型燈具上，如下圖4所示。而目前單晶矽太陽能電池在轉換效率上大都達到20%以上。

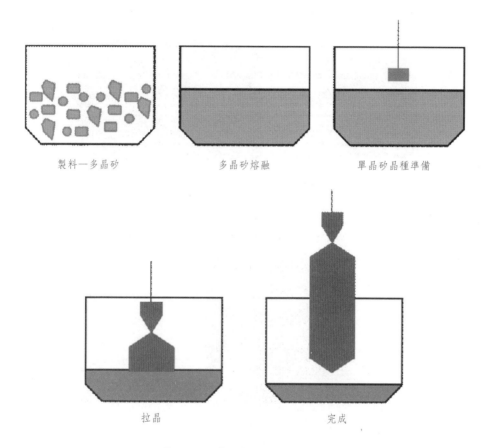

製料—多晶矽　　　　　　多晶矽熔融　　　　　　單晶矽晶種準備

拉晶　　　　　　　　　　完成

圖 9-2-2　柴氏拉晶法製成順序

圖 9-2-3　單晶矽晶棒與單晶矽晶圓

（圖片取自 TNS Solar, http://www.sxtnkj.com/EN_WebSite/Default.aspx）

圖 9-2-4　單晶矽太陽能電池應用

（圖片取自昱晶能源科技 http://www.gintechenergy.com/tw/, 光洋能源科技 http://epoch-ky.myweb.hinet.net/main.htm）

9.2.3　多晶矽太陽能電池材料

多晶矽太陽能電池材料在近年來使用率迅速的擴張，其原因為製備多晶矽不同於單晶矽以柴氏法拉晶，多晶矽則是以澆鑄鑄造成形，其製程簡易，

可大尺寸製作，製成可自動控制因此其成本降低，缺點是多晶矽材料純度相較於單晶矽可容忍度較高，雜質濃度較多，而在晶格排列上有許多晶界和許多差排，導致在多晶矽太陽能電池裡，多晶矽材料的轉換效率低於單晶矽材料的原因。然而，雖然單晶矽太陽能電池轉換效率高，但其商業價值仍受限於居高不下的製造成本，以量產的角度考量，成本的比重會比效率來的高，因此，大家紛紛轉向運用多晶矽製造、成本較低兼的多晶矽太陽能電池。多晶矽在成長上，只需加熱使之熔化，再將其固化即可，不需如拉單晶在製程上的多方考量與設計，進而提升了產率，這也是目前市場上，市佔率最高的太陽能電池種類。在本節裡，將會介紹多晶矽太陽能電池材料的製程和材料應用。

9.2.4 多晶矽（multicrystalline silicon）製作

在現今製作多晶矽材料上，多以直接融熔的方式在同一個坩堝內，透過坩堝底部的熱交換使熔矽慢慢冷卻，此種方法稱為熱交換法（Heat Exchange Method），此方法的好處因為可以透過控制溫度的轉換，有利於較好的晶面方向生長，因此可得到較佳的多晶矽材料。其製作步驟如圖 9-2-5 所示。

9.2.4.1 裝填多晶矽原料

在坩堝中，裝填多晶矽原料，其使用的原料可以是電子級的高純多晶矽或是單晶矽生產的剩料，而兩者差別在於純度的高低和製作的多晶矽純度高低。

9.2.4.2 坩堝升溫

透過升高坩堝溫度，使得石英坩堝內達 1500℃，矽原料將會開始熔化，直到全部的矽原料熔化大約需耗時 10 小時。

9.2.4.3 熱交換

逐漸降低石英坩堝加熱功率，同時隔熱裝置逐漸上升，使得石英坩堝慢

慢的脫離加熱區，與周圍產生熱交換，而冷卻水將會通過熔體底部，晶體矽將從底部慢慢的往上形成。待全部熔矽形成晶體便完成多晶矽鑄錠的製作。

　　鑄造完成的多晶矽晶錠將會以線鋸切割成所需的大小，再切割成片狀的多晶矽晶圓。

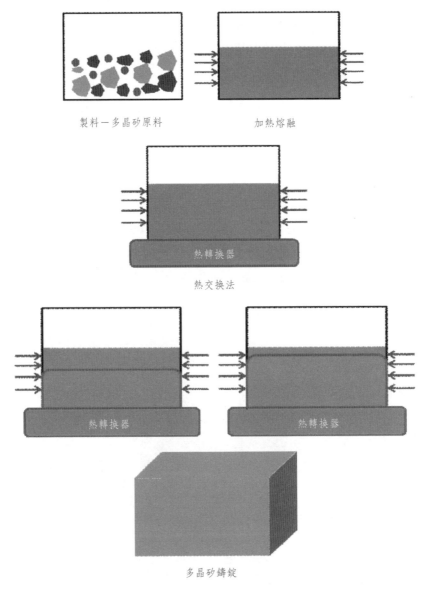

製料－多晶矽原料　　　　　　　　加熱熔融

熱交換法

多晶矽鑄錠

圖 9-2-5　熱交換法鑄造多晶矽

　　多晶矽相較於單晶矽，會有大量因晶粒排列方向不同而產生的晶粒邊界（grain boundary）及晶格錯位（dislocation），這在電性上的影響，會造成少數載子的複合，且會降低載子遷移率，因此如何利用製程的控制，來減少這些負面效應，便是很重要的課題。晶粒邊界的數量會受晶粒大小所控制，而矽湯凝固的速率會影響晶粒形成的大小，一般凝固速率越高，晶粒會較小，使晶粒邊界較多。晶粒邊界會造成載子的捕捉與複合的主因，是介面的不連續而產生的懸浮鍵所造成。然而，目前晶粒邊界的問題已有人提出改善方法，乃利用氫熱化處理，將氫離子與晶粒邊界上的電子結合，消除其懸浮鍵的特性。多晶矽因其結晶特性，使之切片與加工較單晶矽複雜。但因多晶矽在成長後即是立方體，不像單晶矽在拉晶後，還得將圓柱狀單晶的邊緣磨片，造成材料的浪費。

　　在多晶矽太陽能電池中，所製作出的太陽能電池轉化效率大約為13% ～ 15%，主要是因為多晶的形態，使得在轉換時會因為晶界的影響而導致轉換效率較低。而多晶矽太陽能電池多為正方形矽片，為了是在電池模組裡有最佳的填充率，且因為製程技術簡單可大面積生產，使得多晶矽太陽能電池市占率逐漸超越了單晶矽太陽能電池，其多晶矽太陽能電池應用如圖9-2-6 所示。

圖 9-2-6　多晶矽太陽能電池應用

（圖片取自昱晶能源科技 http://www.gintechenergy.com/tw/）

9.2.5　非晶矽太陽能電池材料

　　在 1976 年第一個非晶矽太陽能電池被研製出來，轉換效率為 2.4%，其非晶矽太陽能電池主要是以薄膜的製作，且可以製作於軟性基板上，其優點在於非晶矽的吸光係數高，所以薄膜厚度僅需 1μm 即可，遠低於晶體矽的厚度，可以節省半導體材料的使用。另外，因為是薄膜的形態，所以非晶矽薄膜可以製作在任何的基板上，如玻璃、塑膠、金屬上，而製造過程中，薄膜沉積溫度約為 100 ～ 300℃，為低溫製程所以耗能也較少，且也可大規模大面積的製作，使得非晶矽太陽能電池在製作成本上遠低於晶體矽。

　　在非晶矽薄膜中，主要的是以電漿輔助化學氣相沉積法（plasma enhanced chemical vapor deposition, PECVD），將薄膜沉積在基板上。主要採用矽烷（SiH_4）氣體在真空腔體內，因為電場而分解產生電漿，並在預備沉積的基板上加熱，使得矽原子沉積到基板上，形成非晶矽薄膜。而製程中，主要影響薄膜沉積的因素有許多，如 SiH_4 的濃度、氣體的流量、基板的溫度、加熱溫度等等。圖 9-2-7 為非晶矽太陽能電池的應用。

圖 9-2-7　非晶矽軟性太陽能電池基板

（圖片取自慶聲科技 http://www.kson.com.tw/chinese/study_23-8.htm）

9.3 化合物太陽能電池材料

9.3.1 GaAs薄膜太陽能電池材料

GaAs 是種典型的三五族化合物半導體材料，自從 1952 年，H.Welker 提出半導體性質之後，不管在 GaAs 材料的製備與電子元件和太陽能電池元件都開始深入研究。GaAs 研究至今，生產技術已相當成熟，也是最為廣泛應用的化合物半導體材料，在太陽能電池領域也是具有一定的應用。在目前所製作出的 GaAs 太陽能電池其轉換效率已經可以達到 40%。

9.3.1.1 GaAs的材料特性

GaAs 為直接能隙的化合物半導體材料，其能階為 1.43eV 其特性如下：

①高的光電能量轉換效率

②適合於大面積薄膜化製程

③高的抗輻射線性能

④可耐高溫的操作

⑤低成本而高效率化的生產製程

⑥可設計為特殊性光波長吸收的太陽能電池

⑦極適合於聚光型或集光型（Concentrator）太陽能電池應用

⑧具有正負電極導電支架而易於插件安排

且在做為太陽光電材料，GaAs 具有良好的光吸收係數，所以當 GaAs 製作成太陽能電池，其厚度僅需 3μm 即可吸收將近 95% 的太陽光能量。矽晶太陽能電池會因為溫度過高而使得轉換效率下降，不過在 GaAs 太陽能電池當中，對溫度變化的影響較小，所以在轉換效率會比矽晶太陽能電池還高，有更大的工作溫度。

9.3.1.2 GaAs的製作

GaAs 人們通常都製備成薄膜型的太陽能電池。在製作 GaAs 薄膜沉積的方式有三種，分別為液相磊晶（LPE）和分子束磊晶（MBE）和金屬—有

機化學氣相沉積法（MOCVD）。其中，液相磊晶法是較為傳統的方式，通常使用在 LED 的成長，分子束磊晶法能精準的控制摻雜的濃度，且能控制厚度即薄，但是人們大都使用金屬－有機化學氣相沉積法（MOCVD），這是因為金屬－有機化學氣相沉積法具有量產能力，所以採用的比率最高，所以在這以介紹金屬－有機化學氣相沉積法為主。

　　一般 GaAs 薄膜的製作通常以金屬－有機化學氣相沉積法，在腔體中以氫氣作為載氣，利用三甲基鎵（TMGa）或三乙基鎵和砷烷（AsH$_3$）作為材料，而沉積機板通常為矽基板或是鍺基板。其反應方程式如下：

$$(CH_3)Ga + AsH_3 \rightarrow GaAs + 3CH_4$$

　　透過氫氣的帶入，會在腔體內擴散沉積至加熱的基板上，其基板溫度約為 680 ～ 730℃。圖 9-3-1 為 GaAs 太陽能電池的基本元件架構。圖 9-3-2 為 GaAs 太陽能電池的應用。

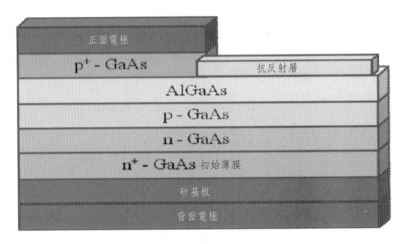

圖 9-3-1　GaAs 太陽能電池基本元件

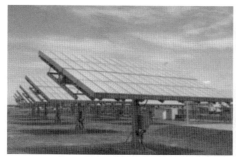

圖 9-3-2　GaAs 太陽能電池的應用

（圖片取自禧通科技 http://www.m-com.com.tw/tw/）

9.3.2 CdTe薄膜太陽能電池材料

　　除了三五族化合物半導體材料，二五族化合物半導體材料在太陽能電池應用上也是重要發展之一，其中所使用的材料為 CdTe 和 CdS 為主。而 CdTe 太陽能電池，是種高轉換效率在研究上已經達到 16%，穩定性高的太陽能電池材料，且其電池結構簡單，成本低也易量產，所以也是熱門的焦點之一。CdTe 在常溫下極為穩定且無毒性，但是 Cd 和 Te 是有毒性的，在製作過程中，會有少許的 Cd^{2+} 隨著廢氣和廢水排出，也會影響人體和環境，因此在製作過程中成為一個很大的障礙。在本章中將會介紹 CdTe 太陽能電池材料及製程。

9.3.3 CdTe太陽能電池材料

　　CdTe 是種直接能隙的二五族化合物半導體材料，其能階為 1.45eV，與 GaAs 一樣具有高的吸光係數，但是隨著溫度的變化，其能階會因此而改變

吸光係數也會因此而改變，在 CdTe 材料中，其薄膜厚度僅需 1μm 即可吸收 90% 以上的太陽光能量。

9.3.3.1　CdTe薄膜的製作

在 CdTe 薄膜製作上，最常用的為近空間昇華法和電化學沉積法，在此將介紹這兩種方法沉積 CdTe 薄膜沉積的方式。

9.3.3.2　近空間昇華法

因為在高溫下可以容易的製作出化學劑量 1：1 的 CdTe 薄膜，所以以昇華的方法最為簡易，此方法具有高沉積速率、設備簡單、薄膜結晶性良好、生產成本低、所製作出的電池具高轉換效率，因此得到廣泛的應用。其近空間昇華法示意圖如圖 9-3-3 所示。

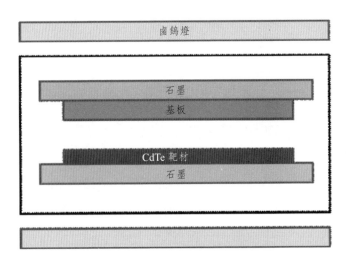

圖 9-3-3　近空間昇華法示意圖

近空間昇華法利用鹵鎢燈作為加熱源，再以石墨作為基板，基板上下各放了所要成膜的基板和 CdTe 靶材，而基板的溫度約為 550 ～ 650℃，靶材溫度約為 630 ～ 750℃，當腔體內為真空狀態時，在通入氮氣或是氫氣做為保護氣，再摻入約 10% 的氧氣，抑止 CdTe 不會直接蒸發到基板上，而是透過氮氣或是氫氣的碰撞將 Cd、Te 成膜至基板上成為薄膜晶體。

9.3.3.3 電化學沉積法

　　電化學沉積法為另一種製作 CdTe 薄膜的技術，優點為設備簡易、易控制、可大規模製作生產。此方法為 M. P. H. Panicker 和 F. A. Koger 在 1978 年提出，使用具有 TeO_2 和 $CdSO_4$ 的水溶液，以石墨作為其中一個電極，另一電極為 Te 電極，在表面鍍有氧化銻的玻璃上沉積 CdTe 薄膜。CdTe 製作成太陽能電池元件如圖 9-3-4 所示。

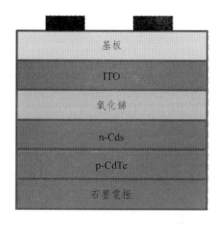

基板

ITO

氧化銻

n-Cds

p-CdTe

石墨電極

圖 9-3-4　CdTe 太陽能電池元件

9.3.4　CuInSe₂薄膜太陽能電池材料

　　在化合物半導體中，除了 GaAs 和 CdTe 這兩種化合物半導體材料，三元化合物半導體材料 $CuInSe_2$ 為另一種太陽能電池光電材料。此種化合物半導體材料的優點為直接能隙材料，能階為 1.04eV，理論上的光電轉換效率為 25% ～ 30%，且其薄膜厚度僅需 1 ～ 2μm 即可吸收 99% 以上的太陽光能量，具有非常高的光吸收係數。不過由於 $CuInSe_2(CuInGaSe_2)$ 薄膜材料為多元組成，晶體結構較為複雜，多層介面匹配困難，使得材料製備需要較高的準確性，且穩定性和重複性要求也高，所以在製作技術上有較大的困難之處。

9.3.4.1　CuInSe₂薄膜製備

　　一般而言，CuInSe₂ 太陽能電池薄膜的製作分為直接和成法和硒化法。直接合成法主要使用三源共蒸鍍法，而硒化法則為金屬預置層硒化，此兩種方法為最常使用的製程方法。

9.3.4.2　硒化法技術製作CuInSe₂薄膜

　　一般先使用濺鍍的方式製備 Cu-In 金屬薄膜預置層，再以熱處理的方式硒化 CuInSe₂。在硒化法之中，先使用濺鍍的方式將高純度的 Cu 和 In 相繼濺鍍於基板上，形成 Cu-In 金屬薄膜，製備完成後再將試片送入真空系統中，腔體溫度為 350～450℃ 的 H2Se 氣體中熱處理 1 小時左右，利用氮氣或是氫氣作為傳輸載氣，硒化製備 2～3μm 的 CuInSe2 的薄膜。其製程示意圖如圖 9-3-5 所示。

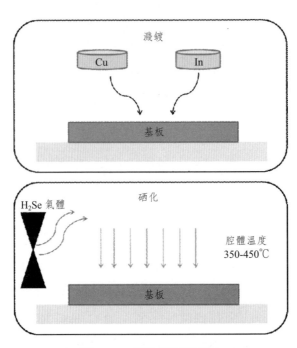

圖 9-3-5　硒化製程示意圖

9.3.4.3　共蒸鍍技術製作CuInSe₂薄膜

共蒸鍍技術是指在真空系統中，加熱基板沉積 CuInSe₂ 薄膜的技術，最常使用的為三源共蒸鍍技術。其主要利用高純度的 Cu、In、Se 粉末作為獨立的材料，在加熱的作用下使得材料蒸發，並控制其蒸發的速率沉積在溫度 350～450℃的基板上製作成 CuInSe₂ 薄膜。而利用共蒸鍍法可以比較有效的控制薄膜的晶體質量與電學性質，是目前應用最多的一種技術且可以穩定的獲得 10% 以上的轉換效率。其共蒸鍍技術示意圖如圖 9-3-6 所示。

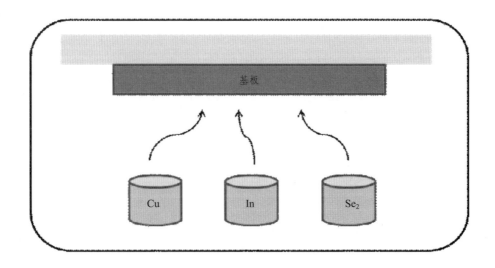

圖 9-3-6　共蒸鍍技術沉積 CuInSe₂ 薄膜

參考書目

1. 楊德仁編著，「太陽能電池材料」，五南出版社，2009。
2. 林明獻編著，「太陽電池技術入門」，全華圖書，2012。

第十章

LED 原理及驅動電路設計

作者　陳坤煌

10.1　前言

　　LED 是取自 Light Emitter Diode 三個字的縮寫，中文的翻譯為「發光二極體」，是一種將電能直接轉換成光能的半導體固態顯示元件。LED 和普通二極體相似，也是由一個 P-N 接面所組成。其除了具有壽命長、耗電量少、不易損壞及光色可變等眾多優點之外，更重要的是還具備了強大的節能特性。這些特色已突顯出眾多不同於傳統光源的優勢，因此不論是從發光原理或發光效率，還是從該技術發展的速度來看，都堪稱為一種嶄新的光源。此外，從實際應用的角度來看，由於 LED 體積小、抗震性強、適應性高、感應時間短等諸多特性，目前已被廣泛地應用於訊號指示、照明、背光源等電路中，其應用之領域與範圍非常廣泛。因此，在本章中將針對 LED 的原理與其相關背景知識，以及如何驅動 LED 的相關電路設計之原理作一介紹。

10.2　LED的發展史

　　LED 發展的歷史，從開始至今大約可以分成以下六個階段：

10.2.1　發現電致發光的效應

　　電致發光的發現是始於 1907 年，當時 H. J. Round 在一塊碳化矽裡觀察到電致發光的現象，但因發出的黃光太暗，所以並不適合實際的應用。到了 20 世紀 20 年代晚期，B. Gudden 和 R. Wichard 從鋅硫化物與銅中提煉出黃磷發光，因當時在材料製備及元件製作的技術上受到了諸多限制，所以這一項重要發現並沒有被迅速地利用。接著在 1936 年，G. Destiau 發表了一個關於硫化鋅粉末發射光的報告。而隨著電流的應用以及廣泛的認識，最終出現了「電致發光」這個詞語。

10.2.2　第一個紅外LED的發明

在 20 世紀 50 年代，英國科學家使用半導體砷化鎵（GaAs）發明了一個具有現代意義的 LED，並於 60 年代問世。雖然此 LED 僅僅只能發出不可見的紅外光，但卻能迅速地應用於感應與光電的領域中。這也是 LED 第一次被實際的應用並且將其商業化。

10.2.3　紅、橙、黃、綠LED的開發

在 20 世紀 60 年代初，科學家在砷化鎵（GaAs）基體上使用磷化物發明了第一個可見的紅光 LED。對於磷化鎵（GaAs）的改變使得 LED 的效率變得更好，發出的紅光更亮，甚至產生了橙色的光。當時所用的材料是磷砷化鎵（GaAsP），發出紅光的波長為 650nm。在驅動電流為 20mA 時，其光通量只有千分之幾的流明，相對應的發光效率約為 0.1lm/W。到 70 年代中期，引入元素銦（In）和氮（N），使 LED 產生波長分別為 555nm、590nm 和 610nm 的綠光、黃光以及橙光，而發光效率也提高到 1lm/W；在 80 年代早期到中期之間利用了砷化鎵（GaAs）和磷化鋁（AlP）的製造，先後分別研發出紅色，再來是黃色，最後為綠色的 LED，誕生了第一代高亮度的 LED，其發光效率達到了 10lm/W。到了 90 年代早期，採用銦鋁磷化鎵（GaInAlP）產生了橘紅、橙、黃和綠光的 LED。

10.2.4　藍光LED的開發

在 1993 年，日亞公司的中村修二博士發明了藍光 LED，讓 LED 有機會進入普通照明的領域。到了 90 年代中期，出現了超亮度的藍光 LED。超亮度藍光 LED 晶片是白光 LED 的核心，在發光晶片上塗上螢光磷，然後使螢光磷接收來自晶片上的藍色光源再將其轉化為白光，利用這種技術可製造出任何可見的光，進而使得 LED 的發光顏色更加絢爛，且應用更為廣泛。

10.2.5　白光LED的開發

在 1998 年成功的開發出白光 LED。這種 LED 是將氮化鎵（GaN）晶片和釔鋁石榴石（YAG）封裝而成的。這種通過藍光 LED 得到白光的方法，使得製造出來的 LED 構造簡單、成本低廉、技術成熟度高，所以在目前的運用上是最普遍的。

10.2.6　LED開始適用於普通照明

自從 1998 年誕生了白光 LED 之後，LED 便開始迅速地發展，同時也開始適用於普通照明。以目前所使用的照明燈中，白熾燈和鹵鎢燈的發光效率為 12 ～ 24lm/W；螢光燈和高強度氣體放電（High Intensity Discharge, HID）燈的發光效率為 50 ～ 120lm/W。而白光 LED 在 1998 年時的發光效率僅有 5lm/W，到了 1999 年已具有 15lm/W 的效率，此發光效率和一般家用白熾燈相近，在 2000 年時，白光 LED 的發光效率進步到 25lm/W，並且與鹵鎢燈相近。2005 年時 LED 的發光效率已可提昇到 50lm/W，到了 2008 年白光 LED 的發光效率甚至可達到 100lm/W，此發光效率已接近螢光燈和 HID 燈。據預測，到 2015 年時，LED 的發光效率可望達到 150 ～ 200lm/W，到時白光 LED 的工作電流可達安培級。因此開發白光 LED 作為家用照明光源將會慢慢的被實現。

綜合以上的闡述，底下表 10-1 可彙整出 LED 重要關鍵技術的發展。

表10-1　LED重要關鍵技術的發展歷程

年份	關鍵技術的發展
1907	在碳化矽裡觀察到電致發光的現象
1955	觀測到GaP發光的現象
1962	觀測到GaAs的P-N接面之發光現象
1962	開發出GaAs系列之紅外光（870～980nm）LED，以及LD（波長為650nm）

年份	關鍵技術的發展
1962	開發出GaAsP系列之紅光LED
1963	開發出GaP系列之紅光LED
1971	觀測到GaN的MIS構造二極體發出藍光與綠光現象
1972	開發出GaAsP系列黃光LED
1972	開發出GaAs：ZnO系列之紅光LED
1981	確認GaN系列的藍光發光
1985	開發出AlGaInP系列之橙色LED
1986	開發出GaN系列的AlN低溫堆積緩衝層的技術
1992	開發出GaN系列的藍光pn同質接面二極體
1994	開發出pn接面型GaInN/AlGaN異質接面構造的高亮度藍光LED
1995	開發出GaInN雙異質接面構造藍光LED
1995	開發出GaInN系列之綠光LED
1997	開發出使用螢光粉的白光LED
2002	提升藍光激發黃色螢光粉產生的白光LED的性能
2009	研發出多面發光體LED型燈泡

10.3 LED 結構

　　LED 基本的結構如圖 10-1 所示，是一塊電致發光的半導體材料，被固定在帶兩根引線的導電、導熱的金屬支架上，有反射杯的引線為陰極，另外一根引線為陽極，然後四周用環氧樹脂密封，也就是固體封裝，可以做到保護晶片的作用。LED 的兩根引線不一樣長時，其中較長的一根為陽極。如果 LED 的兩根引線一樣長，通常在管殼上有一凸起的小舌，靠近小舌的引線為陽極。LED 結構的核心部分是由 P 型半導體和 N 型半導體所組成的晶片，例如圖 10-2 所示，此晶片面積製作的規格有 9mil×9mil、10mil×10mil、11mil×11mil、12mil×12mil（其中 1mil = $2.54×10^{-5}$m），目前在國際上已有大晶片 LED，晶片面積達 40mil×40mil。對於微小的半導體晶片被封裝在潔淨的環氧樹脂物中，當電子由 N 區注入 P 區，電洞由 P 區注入 N 區，進入對方區域的少數載子其中一部分與多數載子複合而發光。

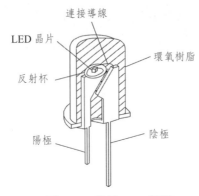

圖 10-1　常見 LED 結構

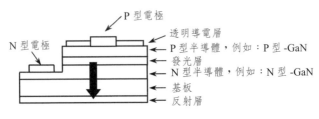

圖 10-2　LED 晶片的基本結構

當電子和空洞之間的能隙差越大時，產生的光子的能量就越高。而光子的能量反過來與光的顏色相對應，在可見光的頻譜範圍內，藍光、紫光攜帶的能量最多，橙光、紅光攜帶的能量最少。由於不同的材料具有不同的能隙，進而產生出不同顏色的光。

10.4　LED 發光原理

　　LED 實質性的結構是由半導體 P-N 接面所製成的。P-N 接面就是指在一單晶中具有相鄰 P 型和 N 型半導體的結構，它通常是在一種半導體類型的晶體上以擴散、離子注入或生長的方法產生另一種半導體類型的薄層來製得的。因此，LED 具有一般 P-N 接面的電壓與電流的特性，即順向導通、逆向截止、以及崩潰的特性。此外，在一定條件下，LED 還具有發光的特性。如圖 10-3(a) 為一般 P-N 接面在熱平衡之下的能帶分佈圖，其中 V_D 為

P-N 接面的內建電位勢；如圖 10-3(b)，當半導體在外加順向電壓時，電子由 N 區注入 P 區，電洞由 P 區注入 N 區。進入對方區域的少數載子其中一部分與多數載子複合而發光。

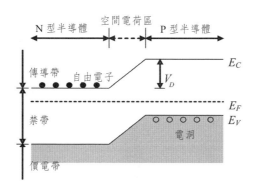

(a) 未施加外部電壓的平衡狀態

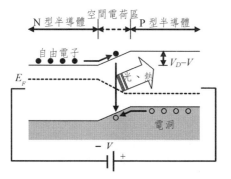

(b) 施加 P 型為正、N 型為負的順向電壓後

圖 10-3　半導體 P-N 接面的能帶示意圖

　　一般電子和電洞複合可分兩類：一類伴隨光的輻射的複合；還有一類是不伴隨光的輻射的複合。前者是由於電洞與電子的複合以光的形式輻射能量，這是發光的主要機制，也是發光元件所期望的。而後者不伴隨光的輻射，這對發光元件來說是有害的，因為會以熱的方式輻射致使發光元件溫度升高。所以在 LED 的開發上，要如何在半導體 P-N 接面處流過順向電流時，能以較高的能量轉換效率來輻射出 200 ～ 1550nm 波長範圍的光源，為一相當重要之事。

目前常用來製造 LED 半導體材料的有砷化鎵（GaAs）、磷化鎵（GaP）、鎵鋁砷（AlGaAs）、磷砷化鎵（GaAsP）、銦鎵氮（InGaN）、銦鎵鋁磷（AlGaInP）等 III-V 族化合物，其它還有 IV 族化合物半導體的碳化矽（SiC）、II-VI 族化合物硒化鋅（ZnSe）等。

10.5　白光 LED

LED 在 90 年代中期，由日本日亞化學公司的中村修二博士等人突破了製造藍光 LED 的關鍵技術，並由此開發出以螢光材料覆蓋藍光 LED 產生白光光源的技術。而所謂白光，是由多種色光混合而成的光。肉眼所能看見的白光至少需兩種光混合，如二波長光（藍光加黃光）或三波長光（藍光加綠光加紅光）。目前白光 LED 已被商品化的產品有二波長藍光單晶片加上 YAG 黃色螢光粉構成的 LED，而被看好的是三波長光（用紫外光晶片激發 R、G、B 三基色螢光粉）所製成的白光 LED，其具有成本低、製作容易的優點。隨著 LED 製造技術的進步和新材料的開發，白光 LED 光源的性能逐步提高，並進入了實用階段。白光 LED 具有綠色環保、壽命長、高效節能、抗惡劣環境、結構簡單、體積小、重量輕、反應快、工作電壓低及安全性等特點，因此被譽為繼白熾燈、螢光燈和節能燈之後的第四代照明光源。

依目前技術而言，實現白光 LED 的方法可分成三類型：

10.5.1　採用藍光 LED 結合螢光粉實現白光 LED

此種白光 LED 是一種常見的二基色螢光粉轉換 LED，其最直接的製作方法是將發藍光的 LED 晶片和可被藍光照射後發黃光的釔鋁石榴石（YAG）螢光粉結合起來，其構造示意圖如圖 10-4 所示。用這種方法形成的白光 LED 之光譜特性可如圖 10-5 所示。其中螢光粉發出的 570nm 前後的黃光是紅色與綠色的混合光，再和從 LED 獲得的 470nm 前後的藍光混合後，便可獲得白光。這種白光 LED 的結構簡單，成本較低，製作技術相對

簡單且比較成熟。但是此白光 LED 的光效能較低，演色指數不高，光色會隨電流變化而出現月暈；同時激發螢光粉發光的過程中存在著能量損耗和螢光粉及封裝材料老化後會導致色溫漂移和壽命縮短等問題。

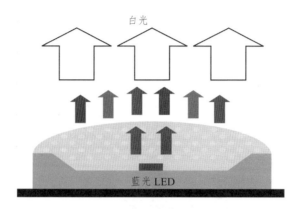

圖 10-4　藍光 LED 結合黃色螢光粉形成的白光 LED

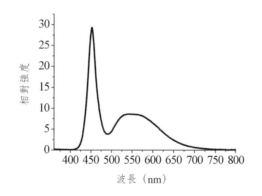

圖 10-5　藍光 LED 結合螢光粉形成白光 LED 的光譜特性

10.5.2　採用紫外光LED結合紅、綠、藍螢光粉形成白光 LED

要獲得純正的白光，較常用的方法便是利用紫外光 LED 激發一組可被紫外光激發後發出紅、綠、藍三基色的螢光粉，由此可獲得白光 LED，此

構造示意圖如圖 10-6 所示。這種白光能夠獲得如圖 10-7 所示的光譜特性。因為是從原本白光所需的 630nm 左右的紅光、530nm 左右的綠光，以及 460nm 左右的藍光三色混光後得到的白光，因此白光非常的純正。不過，它的電光轉化效率較低且粉體混合較困難，有待研發出較高效率的螢光粉；此外，封裝材料在紫外光照射下容易老化，壽命較短，同時也存在著紫外線漏光的問題。

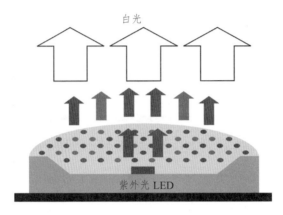

圖 10-6　紫外光 LED 結合紅、綠、藍螢光粉形成的白光 LED

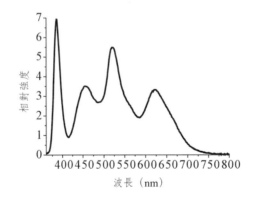

圖 10-7　近紫外光 LED 激發紅、綠、藍螢光粉形成白光 LED 的光譜特性

10.5.3　採用多晶片 LED 形成白光 LED

多晶片 LED 或者說三基色 RGB 合成的 LED，是指將 RGB 三基色 LED 晶片封裝在一起所產生的白光，其構造示意圖可如圖 10-8 所示。此外，還可利用紅、綠、藍、黃橙四色晶片來混合產生白光 LED。利用 RGB 三色 LED 組合構成白光 LED，該技術是最簡單的，並且避免了螢光粉轉換和所造成的能量損失而可獲得相比之下最高的發光效率，而且還可以分開控制三個晶片的光強度大小，進而實現全彩變色的效果。但是由此方法製成的白光 LED，其各個光色會隨驅動電流和溫度變化的不同，其隨時間的衰減速度也不盡相同，且其散熱問題也比較嚴重，造成生產成本往往居高不下。

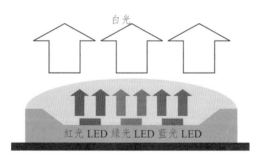

圖 10-8　多晶片 LED 形成的白光 LED

在表 10-2 中為目前常見的白光 LED 之種類及其發光原理，而表 10-3 為此三類白光 LED 的光源特性之比較。

表10-2　白光LED的種類及發光原理

激發光源	發光材料	發光原理
藍光LED	InGaN/YAG	InGaN的藍光與YAG的黃光混合成白光
藍光LED	InGaN/螢光粉	InGaN的藍光激發紅、綠、藍三基色螢光粉發出白光
藍光LED	ZnSe	由薄膜層發出的藍光和在基板上激發出的黃光混合出白光

激發光源	發光材料	發光原理
紫外光LED	InGaN/螢光粉	InGaN的紫外光激發紅、綠、藍三基色螢光粉發出白光
藍光LED 黃綠LED	InGaN、GaP	將具有補色關係的兩種晶片封裝在一起製成白光LED
藍光LED 綠光LED 紅光LED	InGaN、AlInGaP	將三原色的三種晶片封裝在一起製成白光LED
多種光色的 LED	InGaN、GaP、AlInGaP	將多種可見光區的晶片封裝在一起製成白光LED

表10-3　三種轉換白光 LED 的特性之比較

	藍光 LED 結合 YAG 螢光粉	紫光 LED 結合 紅綠藍螢光粉	多晶片
演色性	一般	最好	一般
色穩定性	好	最好	一般
流明保持率	一般	無	好
螢光材料	較成熟	—	—
效率	好	最好	一般
主要應用	背光源	白光照明	特殊場合

10.6　LED 的特性及優點

LED 是一種極有競爭力的新型節能光源，其有逐漸取代傳統照明光源的趨勢。它之所以能得到各界人士的普遍關注，是因為在指示、照明領域中具有相當大的發展潛力，並與傳統光源相比，它具有以下很多的優點與特性：

10.6.1　可靠性高、壽命長

在可靠性方面，LED 的半衰期（即光輸出量減少到最初值一半的時間）大概是 1 ～ 10 萬小時，其平均壽命達 10 萬小時。LED 燈具的使用壽命可

達 5 ～ 10 年，可大大降低燈具的維護費用，避免經常換燈的麻煩。相反的，小型指示用白熾燈的半衰期（此處的半衰期指的是一半數量的燈失效的時間）的典型值是 10 萬到數千小時不等，具體時間取決於燈的額定工作電流。

10.6.2 發光效率高

傳統的白熾燈、鹵鎢燈光效為 12 ～ 24lm/W，螢光燈為 50 ～ 70lm/W，鈉燈為 90 ～ 140lm/W，它們的耗電量大部分會轉換成熱量損失。從理論分析來看，LED 發光效率經改良後將達到 50 ～ 200lm/W，而且其光的單色性好、光譜窄，無須過濾可直接發出有色可見光。目前通過現有技術，首先對 LED 結構進行優化、材料優化、工藝優化，再進行優化組合，做到了 161lm/W，且其商品化問題不大，如要再提高效率則需要有新的技術突破。

10.6.3 功率消耗低

因為 LED 是使用低電壓驅動，根據產品不同其供電電壓約為 6 ～ 24V 之間，所以 LED 是一個比使用高壓電源的光源更安全，特別適用於公共場所，同時單顆 LED 的功率消耗一般為 0.05 ～ 1W，相當節能。

10.6.4 感應速度快

因為 LED 利用了電子－電洞複合後直接發出光源來，因此，發光的感應時間非常短，通常在 100ms 以下，而實際上的感應速度會受到驅動電路等限制。一般白熾燈從通電到穩定發光所需的時間非常長，為 0.15 ～ 0.25s。需要在瞬間感應的汽車煞車燈非常適合使用 LED，因為它具有快速感應的特點。螢光燈和 HID 燈的發光是利用放電現象，故從放電開始到穩定發光需經過各種附加電路的作用，因此其感應時間比 LED 長。

10.6.5　單色性好、色彩鮮豔豐富

LED 元件發出的光純度非常高，在光譜上的表現就是光線集中在某一小段波長上，其顏色飽和度可達到 130% 全彩色，可使燈光更加清晰柔和。除了可通過化學修飾方法調整製造 LED 材料的能帶結構和能隙，以實現紅、黃、綠、藍、橙多色發光外。亦可改變電流可使 LED 變色，如電流小時 LED 為紅色，隨著電流的增加，LED 可以依次變成橙色、黃色，最後變為綠色。

10.6.6　耐碰撞

LED 是半導體元件，與白熾燈不同，它沒有玻璃及鎢絲等易損問題，故障率極低，可以免維修。且 LED 為環氧樹脂封裝，可承受高強度機械衝擊和震動，不易破碎。

10.6.7　體積小、輕便

LED 是由半導體材料製作的固態光源，具有體積小和輕便的特點，因此在設計中可充分利用這一優點。在傳統光源實現起來比較困難的狹小空間內，LED 可以進行任意形狀的裝配，這樣便給以前受傳統光源大小及重量限制的機器、設備、車輛等的設計提供了更大的自由度。

10.6.8　綠色環保

因為 LED 不使用螢光燈中含汞等的有害物質，所以有利於環境保護。原先生產紅光 LED 等需要使用 GaAs 基板，曾被指出有環境污染的問題，最近在研發 GaAs 材料等替代品，因此有望在環保方面取得更大的進步。

10.7　LED 驅動電路之設計

　　LED 雖然在節能方面比普通光源的效率高，但是 LED 光源卻不能像一般的光源一樣可以直接使用市電電壓來驅動，它必須配有專用電壓轉換設備，提供能夠滿足驅動 LED 額定的電壓與電流，才能使 LED 正常工作，這也就是所謂的 LED 專用驅動電源。

　　LED 是一種電流控制元件，而 LED 驅動電路實際上就是 LED 驅動電源，即將交流電轉為恆定電流與恆定電壓的直流電路裝置。至於 LED 驅動電路設計的主要功能是將交流電壓轉換為燈具設計所需要的直流電壓，並同時完成與 LED 的電壓與電流的匹配。所以 LED 驅動電路其實可以看做為 LED 供電的特殊電源，並可根據需要驅動多個 LED 的串聯、並聯或串並聯來設計，但仍須滿足所連接電路驅動電流的要求。

　　由於 LED 與傳統的白熾燈或螢光燈相比，其驅動電壓和電流都非常低，而且還具有單向電流和瞬間開啟的特點。因此，在本節中將介紹 LED 驅動電路設計的基本概念。

10.7.1　LED亮度與電流之關係

　　設計 LED 驅動電路時，有必要先確定亮度和了解所需的順向電流。所謂順向電流 I_F 是指點亮 LED 所需要額定的電流。順向電流的數值依點亮 LED 的亮度（即光強 I_V）而定，兩者之間的關係也可以透過參數表中的 $I_V - I_F$ 特性曲線（如圖 10-9 之例）來確定。由圖 10-9 中可看到，LED 需數毫安級的順向電流就可以點亮，且具有一個特性，那就是順向電流發生微小的變化就會導致亮度具有極大的改變。

10.7.2　LED電流與電壓之關係

　　順向電流通過 LED 時，將會在電極間產生數伏特的電位差，此電壓稱為順向電壓 V_F。順向電壓決定於 LED 驅動電路的電壓源，它也是 LED 構

成的決定性要素，其與順向電流的關係可以透過 I_F-V_F 特性曲線了解其對應性，可如圖 10-10 之範例所示。

　　一般電路的設計，需充分把握亮度與電流、電流與電壓的特性，才能設計出符合 LED 所需驅動的電路。

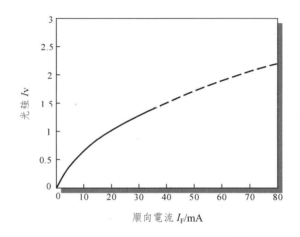

圖 10-9　I_v-I_F 特性曲線範例圖

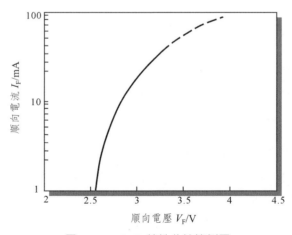

圖 10-10　I_F-V_F 特性曲線範例圖

10.7.3　LED 驅動電路設計的技術要求

　　作為驅動電路的負載，LED 通常需幾十個甚至上百個來組合構成發光組件，並與驅動電路相連接。為了保證 LED 能得到良好的應用，而且能獲得較高的使用效率，首先是需要使其滿足一定的使用條件，其次是需要採用相適應的驅動電路來滿足 LED 工作的參數要求。

目前針對 LED 驅動電路設計的技術要求，包含下列幾項：

① 為滿足可攜式產品的低電壓供電，驅動電路的設計要有升降壓功能，以滿足 1～3 顆充電電池或 1 顆鋰離子電池供電的要求，並要求工作到電壓等於電池終止放電電壓為止。

② 驅動電路也要有高的功率轉換效率，以提高電池的壽命或兩次充電之間的時間間隔。目前高的效率可達 80%～90%，一般約為 60%～80%。同時，驅動電路應設置完善的保護電路，如低壓鎖存、過壓保護、過熱保護、輸出開路或短路保護等功能。

③ 在滿足 LED 正常工作需要的前提下，驅動電路的自身消耗功率盡可能要小，靜態電流也要小；此外，要有關閉控制功能，且在關閉狀態時一般靜態電流應小於 1μA。

④ 在多個 LED 並聯使用時，要求各個 LED 的電流能夠相互匹配，使亮度均勻。

⑤ 對於 LED 的最大電流必須要可設定，在使用過程中也必須要可調節 LED 的亮度。有的場合還要求驅動電路具有發光模式及效果變換的功能。

⑥ 驅動電路設計的元件要少且小，所佔印刷電路板面積盡可能小，以便於小尺寸封裝。

⑦ 驅動電路工作時對其他電子設備及電路的干擾影響小。

⑧ 安裝、維護以及使用方便，價位低、壽命長。

10.7.4　LED電源驅動電路的分類

　　儘管 LED 電源驅動有多種方案可供選擇，但無論採取那種電源驅動方案，一般都不能直接給 LED 供電。對於不同的使用情況，在 LED 電源變換器的技術實現上有不同的方案。根據供電電壓的高低，可以將 LED 電源驅動電路分成低壓驅動（供電電壓為 0.8～1.65V）、過渡電壓驅動（供電電壓為 4V）、高壓驅動（供電電壓大於 5V）和市電驅動等 4 類。底下分別作一說明：

10.7.4.1　低壓驅動

　　由電池供電時，電壓一般為 0.8～1.65V。對於 LED 這樣的低功率消耗照明元件是一種常見的使用情況，該方法主要用於可攜式電子產品，驅動小功率及中功率的白光 LED，如：LED 手電筒、LED 緊急照明燈、節能檯燈等。考慮到有可能配合一顆 5 號電池工作，這需要有最小的體積，其最佳技術方案是電荷幫浦升壓轉換器，比如採用升壓式 DC/DC 轉換器或升壓式（或升降壓式）電荷幫浦轉換器。

10.7.4.2　過渡電壓驅動

　　過渡電壓驅動是指給 LED 供電的電源電壓值在 LED 驅動電壓附近變動，這個電壓有時可能略高於 LED 的驅動電壓，有時可能略低於 LED 的驅動電壓。如一顆鋰離子電池或兩顆串聯的鉛蓄電池，滿電時電壓在 4V 以上，快用完時電壓在 3V 以下。用這類電源供電的應用有 LED 礦燈等。過渡電壓驅動 LED 的電源變換器電路既要解決升壓問題又要解決降壓問題，並且需要配合一顆鋰離子電池工作，也需要有儘可能小的體積和低的成本。一般情況下功率也不大，其最高性能價比的電路結構是反極性電荷泵式變換器。

10.7.4.3　高壓驅動

　　高壓驅動是指給 LED 供電的電壓始終高於 LED 的驅動電壓，即始終大於 5V，如 6V、9V、12V 或更高，由穩壓電源或蓄電池供電，主要用於驅

動 LED 燈。典型應用有太陽能草坪燈、太陽能庭院燈、機動車的燈光系統等。高壓驅動 LED 要解決降壓問題，由於高壓驅動一般是由普通蓄電池供電，用到比較大的功率，例如：機動車照明和信號燈光等。變換器的最佳電路結構是串聯開關降壓電路。

10.7.4.4　市電驅動

直接由市電供電（110V 或 220V）或相應的高壓直流電供電，採用降壓式 DC/DC 變換器驅動電路，主要用於驅動大功率 LED。LED 市電驅動要解決降壓和整流問題，還要有比較高的變換效率、較小的體積和較低的成本。另外，還應該解決安全隔離問題。對中小功率的 LED，其最佳電路結構是隔離式單端反激轉換器。對於大功率的應用，應該使用橋式轉換器。

10.7.5　LED在驅動電路中的連接形式

LED 作為驅動電路中的負載，大部分需要將多個 LED 按照需求排列組合起來，以滿足較大範圍、較高亮度、可調光、動態顯示、色彩變幻等應用的需求。設計選擇 LED 驅動器時，除考慮成本和性能因素外，還需考慮可用電池功率、電壓、功能特性等約束條件。選用什麼樣的連接形式，直接關係到其是否能正常工作以及可靠性和使用壽命。

由多個 LED 按照一定規律排列組合，常見的連接形式主要有四種：

10.7.5.1　串聯連接

多個 LED 的正極對負極連接成串和限流電阻 R 再與驅動源電路連接，如圖 10-11 所示。串聯連接電路的優點是跟 LED 的工作電流相同。此電路是希望在增大電源電壓的情況下仍然有效。但 LED 出現短路故障的情況下，電阻的電壓增大，導致順向電流上升，此時須注意不得超過額定電流。在 LED 出現斷路故障時，串聯式驅動電路有可能會出現所有 LED 都不亮的情形。

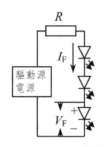

圖 10-11　LED 串聯電路

10.7.5.2　並聯連接

如圖 10-12 所示即將多個 LED 的正極與正極、負極與負極組成的並聯連接，其特點是每個 LED 的工作電壓一樣。此電路是希望在低電壓的情況下能有效點亮數個 LED。但 LED 順向電壓偏差過大的情況下，電流會向順向電壓低的 LED 轉移，亮度的差異也將會非常明顯。在 LED 出現短路故障時，有可能會出現所有 LED 都不亮的情形。

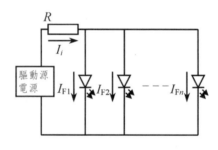

圖 10-12　LED 並聯電路

10.7.5.3　串並聯連接

如圖 10-13 所示為將多組 LED 先串聯後並聯構成發光組件的串並聯連接。此電路兼具串聯和並聯的優點也補償了各自的缺點，因此發光組件的可靠性高，發光組件的亮度也相對均勻，對 LED 元件的要求較寬鬆，適用範圍大。目前的大量照明實例多數採用該連接方式，通常採用多顆 LED 組成發光面時，應盡量選用發光亮度相同的 LED，若無法保證相同發光亮度

時，中間則採用發光亮度稍小的 LED 元件，周圍則採用發光亮度較大的 LED 元件來配置，此時能使整個發光面發出的光斑較均勻且柔和。

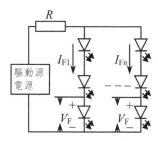

圖 10-13　LED 串並聯電路

10.7.5.4　交叉陣列連接

為提高 LED 照明電路的可靠性，降低滅燈機率，先後出現了許多新的連接方式，如圖 10-14 所示的交叉陣列連接形式是許多方式中較新穎的一種，圖中 V_{CC} 代表驅動源電路的輸出端電壓。這種交叉連接方式的目的是，即使個別 LED 開路或短路，也不至於造成發光組件整體失效。

圖 10-14，當某一顆 LED 因品質不良短路時，與短路的 LED 並聯的 LED 最初將全部不亮。但由於驅動源輸出電流不變，短路 LED 將因大電流通過而燒斷或變成斷路，與其並聯的 LED 將重新點亮，斷開的這顆 LED 對陣列電流的分配影響極小，交叉連接陣列中只有一顆 LED 不亮時，整體依然可以正常工作。

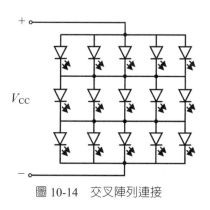

圖 10-14　交叉陣列連接

透過以上分析可知驅動電路與負載 LED 串並聯方式搭配選擇是非常重要的。

10.7.6　LED驅動電路設計方式

LED 一般由恆定電流源或恆定電壓源進行驅動。

10.7.6.1　LED的恆定電流源驅動

LED 的光亮度強弱由流過 LED 晶片的電流大小來決定。一般小功率 LED 的工作電流為 20mA。當達到 LED 的額定電流時，若順向電壓上升 0.1V，則順向電流急據增加，其伏安特性呈指數規律變化。LED 順向電流的改變，不但使其光亮度發生變化，而且波長也發生變化，此將影響 LED 的使用壽命。基於 LED 的這種特性，在使用時最好給 LED 提供恆定的工作電流，以保證其各項參數的穩定。

如圖 10-15 所示，為一般常見 LED 恆定電流源串聯驅動之電路。其中 I_R 提供 20mA 的恆定電流，流經三個串聯的 LED。因為恆定電流可能會在 20mA 上下波動，所以如果設置在 20mA，波動時就可能會大於 20mA，這將影響 LED 的工作效率與使用壽命，故應設置在 17 ～ 18mA 之間。

如圖 10-16 所示，為一般常見 LED 恆定電流源並聯驅動之電路。其中 I_R 提供 60mA 的恆定電流，但通過三個 LED 的電流都不是恆定電流，要根據三個 LED 的順向電壓與其電流特性來判斷具體的電流大小。如果經過挑選測試，三個 LED 的電壓與電流特性一樣，那麼有可能保證每個 LED 的通過電流都是 20mA。但如果電壓與電流特性不一樣，那麼最終會導致 LED 連續損壞。所以，在採用恆定電流源驅動時，多個 LED 串聯後再多串並聯將有利於使用。

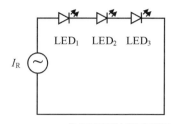

圖 10-15　LED 的恆定電流源串聯驅動

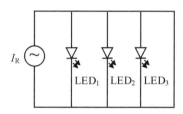

圖 10-16　LED 的恆定電流源並聯驅動

上述的 LED 恆定電流源驅動電路之設計，具有下述之特性：

①恆流驅動電路輸出的電流是恆定的，而輸出的直流電壓卻隨著負載阻值的
　大小不同在一定範圍內變化，負載阻值小、輸出電壓就低，負載阻值越
　大、輸出電壓也就越高。

②恆流電路不怕負載短路，但嚴禁負載完全開路。

③恆流電路驅動 LED 是較為理想的，但相對而言其價格較高。

④恆定電流源驅動電路之設計應注意所使用 LED 的最大承受電流及電壓
　值，因為它們限制了 LED 的使用數量。

10.7.6.2　LED 的恆定電壓源驅動

　　給 LED 施加恆定電壓，以確保獲得所需順向電流的供電方式，此方式
有時也稱為限流電阻式。此電路簡單且成本低，故屬於最傳統的一種方式。
使用時還需考慮到 LED 順向電壓 V_F 的偏差及自身發熱所引起順向電壓的變
化對亮度所造成的影響，以及電阻 R 產生熱損失的問題。

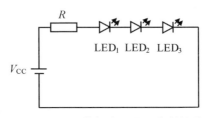

圖 10-17　LED 的恆定電壓源串聯驅動

　　如圖 10-17 所示，為一般常見 LED 恆定電壓源串聯驅動之電路。當選用恆定電壓源驅動時，V_{CC} 是一個恆定值，且圖中的電阻 R 依使用目的也稱為限流電阻，其擔負著限制 LED 順向電流的作用。當三個 LED 導通時，剛開始三個 LED 的順向電壓均會下降，每個下降 0.2 ～ 0.3V。因此如果不串聯一個電阻，三個 LED 的電壓下降 0.9V，這會使流過 LED 的電流增大超出 20mA。此時 LED 的 P-N 接面發熱，溫度升高，會使發光效率和使用壽命受到影響。在串聯一個電阻 R 之後，電流變大，電阻兩端的電壓也會增大，可以控制電流不會增大過多，以確保不會因為電流無限增大而使 LED 溫度升高並損壞。這個限流電阻的阻值可設計為

$$R = (V_{CC} - 0.9\text{V})/20\text{mA} \tag{10.7.1}$$

　　如圖 10-18 所示，為一般常見 LED 恆定電壓源並聯驅動之電路。V_{CC} 是一恆定值，三個 LED（LED1、LED2、LED3）分別與 V_{CC} 並聯。根據三個 LED 的伏安特性，選定 R_1、R_2、R_3。舉例：R_1 電阻的阻值可設計為

$$R_1 = (V_{CC} - V_{F1})/I_{F1} \tag{10.7.2}$$

　　式中，V_{F1} 為 LED$_1$ 的順向電壓；I_{F1} 為 LED$_1$ 的順向電流。如果順向電流選定為 20mA，順向電壓為 3V，那麼 R_1 就可以被求出；至於其他的電阻值可根據此公式來求得。

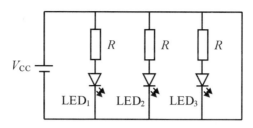

圖 10-18 LED 的恆定電壓源並聯驅動

上述的 LED 恆定電壓源驅動電路之設計，具有下述之特性：

①當恆壓電路中的各項參數確定以後，輸出的電壓是固定的，而輸出的電流卻隨著負載的增減而變化。

②恆壓電路不怕負載開路，但嚴禁負載完全短路。

③用穩壓電路驅動 LED 時，需要加上合適的電阻才能使每串 LED 顯示的亮度平均。

④恆定電壓源所產生的亮度會受整流而來的電壓變化影響。

10.7.7 LED驅動電路的結構

一般 LED 驅動電路的結構大致可區分下列幾種：

10.7.7.1 直流驅動電路

直流驅動是利用電晶體來驅動，其電路之設計如圖 10-19 所示。在圖 10-19(a) 中，當輸入信號為邏輯高電壓時，電晶體導通，LED 點亮，I_F 被電壓源及電阻所限定，且 R 滿足

$$R = (V_{CC} - V_F - V_{CES})/I_F \qquad (10.7.3)$$

式中，V_F 為額定工作電流下 LED 的順向電壓；V_{CES} 為電晶體的飽和電壓，I_F 為 LED 的順向工作電流。

如 10-19(b) 情況與圖 10-19(a) 相反，電晶體原來處於導通狀態，LED 被電晶體所短路，即 $V_F = V_{CES}$，一般情況下，V_{CES} 很小，無法點亮 LED。

但是，當電晶體的基極輸入低電壓時，電晶體截止，V_{CC} 經 R 供給 LED 電流。此時，R 可由 $R = (V_{CC} - V_F)/I_F$ 來選取。

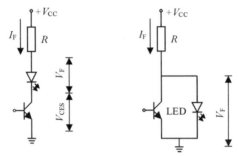

(a)LED 與電晶體串聯形式　　(b)LED 與電晶體並聯形式

圖 10-19　利用電晶體的直流驅動電路

10.7.7.2　TTL驅動源電路

如圖 10-20 為採用 TTL 運算放大器的驅動電路，此 TTL 運算放大器將具有足夠的驅動能力。而在圖 10-20 中的電阻可被定義為

$$R = (V_{CC} - V_F - 0.4)/I_F \qquad （10.7.4）$$

式中，0.4V 為 TTL 運算放大器在低電壓時的壓降值。

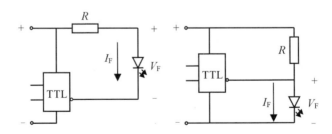

圖 10-20　TTL 驅動電路之設計

10.7.7.3　CMOS驅動源電路

圖 10-21 為採用 CMOS 運算放大器的驅動電路。由於 CMOS 運算放大

器的輸出電流一般較小，因此必須有數個 CMOS 運算放大器並聯才能驅動 LED，如圖 10-21(a)、(b) 分別為低端驅動與高端驅動之 COMS 運算放大器的驅動電路示意圖。有時，也可在 CMOS 運算放大器後加一個電晶體來擴展驅動電路，如圖 10-21(c) 所示。

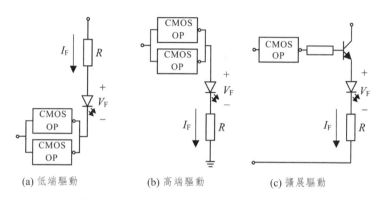

(a) 低端驅動　　　(b) 高端驅動　　　(c) 擴展驅動

圖 10-21　採用 COMS 運算放大器的驅動電路

10.7.7.4　交流驅動電路

使用交流驅動的原因是使 LED 輸出較大的光功率。簡單的 LED 交流驅動電路之設計可如圖 10-22 所示。

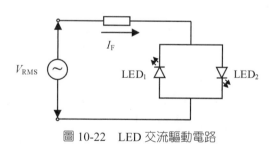

圖 10-22　LED 交流驅動電路

把兩個 LED 反向並聯，使電源的正負半周均有 LED 顯示。在未知電壓極性是否接反的情況下仍可正常工作。與直流驅動電路一樣，交流驅動的限流電阻 R 的取值為

$$R = (V_{\text{RMS}} - V_{\text{F}})/2I_{\text{F}} \qquad （10.7.5）$$

式中，V_{RMS} 為交流電壓的有效值。

10.7.7.5　脈衝驅動電路

為了避免電流變化引起 LED 色溫的偏差，在驅動電路的設計上將採用脈衝寬度調變（Pulse Width Modulation, PWM）的技術。PWM 調光實際上是指在一小段時間內啟動和重新啟動 LED 電流。這個啟動和重新啟動循環的頻率必須快於人眼可以感知的速度，以免出現閃爍效果，通常情況下人眼可接受的頻率大約 200Hz 或更快。

PWM 調變會保持順向導通電流不變，而通過控制電流導通和截止的比例（0% ～ 100%）來調節亮度。例如，要想控制 LED 亮度為 33%，則應在每個週期使電流開通 33%。

如圖 10-23 所示為 LED 脈寬調光應用電路，該電路既適用於恆壓驅動方式的應用，也適用於恆流驅動方式的應用。值得注意的是，由於人眼視覺暫留的作用，故當光在 10ms 內週期點滅時，人眼看到的是連續的亮度。若 LED 點滅週期過長，可能會產生頻閃；反之，若點滅週期過短，則必須確認 LED 的影響速度。

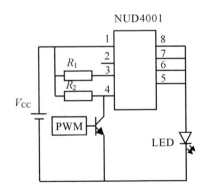

圖 10-23　LED 脈寬調光應用電路

10.8　LED 的應用與未來發展

　　LED 的技術日益成熟，應用的地方也越來越多，除了大量用於各種電器及裝置、儀器儀表、顯示的場合外，其主要集中應用在以下幾個領域：

1. 顯示螢幕：包括室內外廣告牌、體育場計分牌、訊息顯示螢幕等。

2. 交通號誌燈：包括城市內的交通號誌燈、高速公路、鐵路和機場號誌燈等。

3. 照明：包括室外景觀與室內裝飾照明等。

4. 專用普通照明：包括可攜式照明、低照度照明、閱讀照明、顯微鏡燈、照相機閃光燈、檯燈、路燈等。

5. 安全照明：包括礦燈、防爆燈、緊急照明燈、安全指示燈等。

6. 特殊照明：包括軍用照明燈、醫用手術燈、醫用治療燈、農作物和花卉專用照明燈等。

　　LED 的照明市場被視為最大且最具發展潛力的。近年來，在顯示螢幕、交通號誌燈、專用普通照明及特殊照明等運用上已取得一些市場佔有率。在通用照明市場上，包括室外景觀照明和室內照明等產品也陸續被推出，部分產品也已開始取代鹵素燈、白熾燈泡等傳統光源。由於 LED 在功能與價格比快速的提升，以及地球能源的浩劫與環保意識持續上升的情況下，預計 LED 的照明市場規模將快速的增長。因此，高可靠性、高安全性、高發光效率、壽命長及少維護的高亮度 LED 開發，在未來的照明市場中將會有很大的作為。

參考書目

1. 周志敏、周紀海、紀愛華，「LED 驅動電路設計與應用」，五南圖書出版公司，2009 年 9 月。

2. 郭浩中、賴芳儀、郭守義，「LED 原理與應用」，五南圖書出版公司，2009 年 12 月。

3. 李農、楊燕，「LED 照明設計與應用」，科學出版社，2009 年 10 月。

4. 李春茂，「LED 結構原理與應用技術」，機械工業出版社，2010 年 6 月。

5. 楊清德、楊蘭云，「LED 及其應用技術問答」，電子工業出版社，2011 年 1 月。

6. 王雅芳，「LED 驅動電路設計與應用」，機械工業出版社，2011 年 4 月。

第十一章

散熱設計及電路規劃

作者　李昆益

11.1 前言

發光二極體（LED）具有節能、省電、高效率、反應時間快、壽命週期長、且不含汞，具有環保效益等優點，加上技術不斷進步，效率的提升，被認為可取代傳統的照明光源。目前 LED 的發光效率已經超過傳統的白熾燈泡級鹵素燈泡效率。由於效率的提升，使得 LED 的應用越來越廣泛，其主要應用在照明方面，應用於顯示器、手機背光模組，車用照明，戶外照明，紅綠燈號誌…等。LED 在早期的使用由於功率較低，被使用在顯示燈與訊號燈，封裝散熱問題並不嚴重，但近年來在照明上的應用，對高效率的需求，亮度、效率不斷被提升，元件越做越小，導致 LED 單位面積的發熱量變得非常大，LED 的接面溫度（junction temperature）也升高許多，這些問題會使的 LED 的發光效率降低、壽命變短、發光波長紅移進而影響光源的演色性，種種問題的產生使 LED 的可靠度降低許多，因此 LED 散熱問題漸漸成為一個重要的議題。

11.2 LED 發熱問題及影響

LED 發熱的原因乃是注入的電能並不是完全的轉為光能，而是部分轉為熱能。LED 輸入功率約只有 15 ～ 20% 電能可以轉換成光，其餘的 80 ～ 85% 的會轉換為熱能，LED 發光時所產生的熱能若無法及時導出的話，會使 LED 接面溫度升高，進而影響發光效率、穩定性與使用壽命，溫度愈高其使用壽命愈低。

舉例來說，當 LED 的接面溫度為 25℃（典型工作溫度）時亮度為 100nit，則溫度升高至 75℃時亮度就減至 80nit，到 125℃則剩下 60nit，到 175℃時只剩下 40nit。明顯地，P-N 接面溫度與發光亮度是呈反比的線性關係，圖 11-2-1 所示即為 LED 之發光效率對溫度圖。

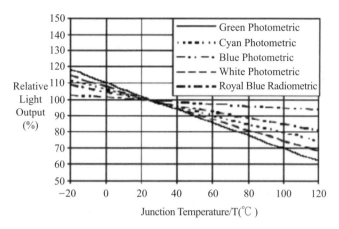

圖 11-2-1　LED 發光效率對溫度圖

（http://www.osc.com.tw/study1/monthly/9611/9611_LED.pdf）

　　除了影響照明品質之外，接面溫度對 LED 壽命也有極大的影響。接面溫度對亮度的影響為線性的，但對壽命的影響卻是指數性的衰減。如圖 11-2-2 所示，以相同接面溫度為基準，若 LED 操作在 50℃以下使用，則 LED 有近 20,000 小時的壽命表現，若為 75℃則只剩 10,000 小時的壽命表現，100℃剩 5,000 小時，125℃剩 2,000 小時，150℃剩 1,000 小時。當溫度從 50℃變成兩倍的 100℃時，LED 壽命就從 20,000 小時縮短至 5,000 小時，大大降低 LED 的使用壽命，所以熱會嚴重的影響 LED 的使用壽命。

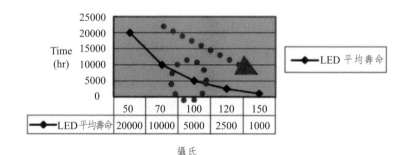

圖 11-2-2　LED 接面溫度與操作壽命之關係

（http://www.osc.com.tw/study1/monthly/9611/9611_LED.pdf）

LED 發光所產生的熱不僅會使 LED 光衰、壽命減短，亦會造成發光波長改變，影響光源的色彩穩定度，因此 LED 的散熱問題現在越來越被重視，在下節將介紹 LED 的散熱技術。

11.2.1 LED 散熱問題

在介紹 LED 散熱之前，首先我們先要了解熱是如何傳遞的，熱的傳遞路徑主要可分為三種，分別為熱傳導（conduction heat transfer）、熱對流（convection heat）、以及熱輻射（radiation heat transfer）。以傳統光源來講，熱的傳遞大部分（78%）是藉由輻射方式散熱，從光源的正面方向排出，在燈泡周圍可感受到高溫高熱，而在燈罩與基座部分的熱是很少的。但以 LED 來講，熱則是以傳遞方式朝晶片背部傳出，再以對流或輻射方式從基板或外殼傳到空氣之中，所以在 LED 晶片後方的散熱能力要較佳，否則晶片易過熱。除了熱的傳遞外，另一個要介紹的是熱阻，熱阻是 LED 散熱好壞的一個重要影響參數，定義為 $\Delta T = QR$，溫差 ＝ 熱流 × 熱阻，當熱阻越大時，則表示留在元件內的熱越多，所以 LED 散熱要佳，熱阻就要越小。一般而言，LED 之熱阻可由下列公式表示：

$$R_{j-a} = R_{j-c} + R_{c-s} + R_{s-h} + R_{h-a}$$

其中，R_{j-a} 為晶片到環境之熱阻；R_{j-c} 為晶片到金屬外殼底部之熱阻；R_{c-s} 為金屬外殼底度到散熱基板底部之熱阻；R_{s-h} 為散熱基板底部到散熱片之熱阻；R_{h-a} 則是散熱片到環境之熱阻。

圖 11-2-3 為一個 LED 散熱路徑的熱阻網路，欲降低 LED 接面溫度，可以從幾個層級方面去著手，分別為晶片層級（chip level）、封裝層級（package level）、電路板層級（board level）到系統層級（system level）。在各層級去進行散熱設計，降低各層級的熱阻，以達到最佳的散熱效果。

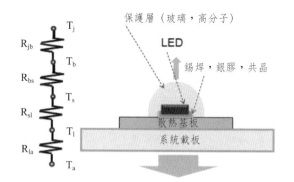

圖 11-2-3　LED 元件熱阻網路

（楊士賢，LED 背光照明與散熱技術，科技商情，2010）

11.3　LED 散熱設計

11.3.1　晶片層級

在晶片層級若要增強散熱效果，常見的做法為改變材質與幾何結構，最常見的兩種方式為：1. 改變基板材料；2. 覆晶式的鑲嵌。傳統式晶片是以藍寶石作為基板，由於藍寶石的熱傳導係數只有 20W/mK，因此導熱特性較差，熱阻值 R_{j-s} 較大，所以不易將磊晶層所產生的熱快速地排出，在此層級解決熱散方案是用高熱導係數的銅合金與矽取代原本的藍寶石基板，或是將 LED 晶片與其基板以共晶或覆晶的方式連結，可降低熱阻值，大幅增加經由電極導線至系統電路板之散熱效率。

11.3.2　封裝層級

早期的砲彈型封裝如下圖 11-3-1 所示，其散熱途徑為一部分熱往大氣方向散去，而其餘熱則是藉由導線傳到基板散熱，其熱阻值很大，約 250 ～ 350K/W，散熱效果不佳。因此後來改以 SMD 型的封裝方式，可將熱阻降到約 75K/W，主要方法是藉由與基板黏合的塑膠底板來導熱，增加散熱面

積降低熱阻，以達到較佳散熱效果。但此封裝因塑膠底座的導熱係數不夠高，故不適合高功率的 LED 使用，於是有了 Luxeon 型的封裝方式。如圖 11-3-2 所示，以散熱塊取代塑膠底座來得到一個較低的熱阻值。

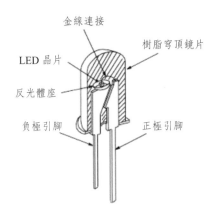

圖 11-3-1　小型低功率（砲彈型）LED 封裝圖示

http://www.led-shop.com.tw/page44.htm

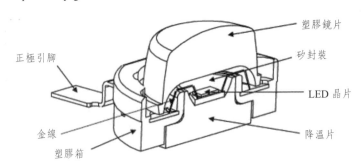

圖 11-3-2　Luxeon 型 LED 封裝圖示

http://www.led-shop.com.tw/page44.htm

在封裝層級另一可增加散熱的方法為改變固晶的方式，在早期低功率的時代，所採用的固晶方式是使用銀膠（Ag epoxy）封裝，但隨著效率的提升，銀膠的傳導係數已不敷使用在高功率的 LED 上，因此有業者提出以錫膠或共晶的方式來固晶，因為為金屬接合，所以導熱係數較高，約 57K/W，遠高於銀膠的導熱係數，可以有效地降低熱阻值。

11.3.2.1 電路板層級

　　LED 在封裝及電路板層級主要是靠傳導，著重的點在於散熱路徑要短，熱傳導率高，傳熱面積大，基於這些考量，目前市面上常見的散熱基板有四種，包括傳統的印刷電路板（PCB）、發展中的金屬基印刷電路板（Metal core PCB；MCPCB）、以及陶瓷材料為主的陶瓷基板（ceramic substrate）、覆銅陶瓷基板（Direct Board Cu；DBC）。其中印刷電路板在這四類當中，成本加個較低，所以最常被選擇使用，但是其散熱效果相較於其他並不是最優異的，通常需要利用散熱孔來增加其散熱能力，雖然利用散熱孔有限度地改善散熱能力，但使用在高功率 LED 中，能無法有效地將熱排出。因此具高導熱係數的金屬基印刷電路板與陶瓷基板（鋁、銅、氧化鋁和氮化鋁的熱傳導係數分別約為 170、380、20 ～ 40 和 220W/mK）漸漸取代之，成為目前高功率 LED 散熱基板的兩大主流。表 11-3-1 為散熱基板的特性分析。

表11-3-1　散熱基板的特性分析

	熱傳導係數	熱膨脹係數	可製作基板面積	價位
印刷電路板	低	高	大	低
金屬基印刷電路板	高	高	大	中
陶瓷基板	中高	低	小	小
覆銅陶瓷基板	高	低	小	中高

11.3.2.2 系統層級

　　在系統層級方面，主要以對流及輻射方式為主，在這裡主要改善的地方是在如何提升與空氣的接觸面積，對流系數，及熱輻射的效果。一般常見的散熱組件為鰭片（Heat Sink）、熱管（Heat Pipes）、均溫板（Vapor Chamber）、迴路式熱管（Loop Heat Pipe, LHP）及壓電風扇（Piezo Fans）。以下將介紹各組件原理及優缺點。

　　散熱組件中以鰭片最為普遍，散熱鰭片主要是藉由傳導與自然對流方式

進行散熱。通常利用增加散熱面積與搭配通風道、開氣孔設計，來提升傳導和自然對流能力，缺點為重量和落塵堆積造會成散熱不良。圖 11-3-3 為常見的散熱鰭片類，多半呈輻射狀結構，基於成本與重量的考量，以鋁擠型最為常見。

鋁擠型　　　　　　　沖壓型　　　　　　　刨切型

壓鑄型　　　　　　　鍛造型　　　　　　　變折型

圖 11-3-3　　LED　散熱鰭片

http://lights.ofweek.com/2011-10/ART-220019-8300-28484299_5.html

　　熱管是一種利用毛細結構帶動兩相流體的被動散熱源件，如圖 11-3-4，其質量輕且結構簡單、傳熱迅速且無動件及毋須外加電源優點。熱管應用於 LED 散熱中，由於良好的熱傳導特性，可快速散熱，但缺點為有溫度範圍限制、傳熱路徑較短及受重力影響時具方向性，因此無法將熱源有效帶至遠處，即便熱管能將熱源迅速帶離開，所以在應用上會再搭配各種散熱鰭片增加與空氣的接觸面積，進而增加自然對流的能力，提升散熱的效果。

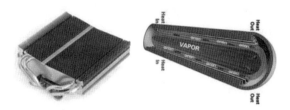

圖 11-3-4　　導熱管圖示與結構示意圖

http://lights.ofweek.com/2011-10/ART-220019-8300-28484299_5.html

　　圖 11-3-5 為均溫板的結構示意圖,均溫板是一種平板狀的熱管,與熱管原理與理論架構相同,不同的是熱管的熱傳導方向是一維的,是線的熱傳導方式;而均溫板的熱傳導方式為二維的,是面的熱傳導方式,因此均溫板可將熱源均勻擴散開來,以降低擴散熱阻。但均溫板在燈具應用上僅能為垂直方向傳遞,不如熱管可把熱往水平或垂直方向傳遞,所以在燈具外型設計受到較大的限制。

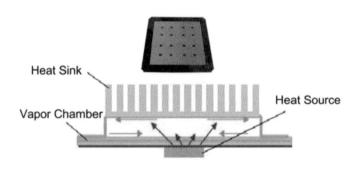

圖 11-3-5　　均溫管之圖示與結構示意圖

http://lights.ofweek.com/2011-10/ART-220019-8300-28484299_6.html

　　迴路式熱管是靠封閉式迴路管內的工質在蒸發器與冷凝器的熱交換,進而達成熱量傳遞。熱會在蒸發器傳給工質,讓工質變成蒸氣,當蒸氣流到冷凝器時,被冷凝成液體,而蒸發器的毛細結構可利用毛細力再將冷凝的液體帶回蒸發器,如此完成流體循環,達成熱能的傳遞。迴路式熱管最大優點在於它可做長距離熱傳遞、管路可彎曲,且不受重力場的影響,任何方向均

可操作。因此藉由迴路式熱管遠距離熱傳特性,將 LED 熱源所釋放出來的熱藉由銅管迴路傳遞至燈殼上(散熱板),並利用大面積燈殼表面與空氣接觸,在自然對流運作下,毋須藉助任何額外電力,可不斷循環散熱,有效解決散熱的問題,進而提升 LED 燈具壽命。圖 11-3-6 為迴路式熱管應用在 LED 路燈的實例。

圖 11-3-6 迴路示熱管圖

http://lights.ofweek.com/2011-10/ART-220019-8300-28484299_6.html

各式散熱裝置中,最後為壓電風扇,與一般的傳統風扇比起來,壓電風扇的備體積小、消耗功率小、噪音小、壽命較長,這些特點相當適用於現在室內 LED 燈具散熱所需的低功率、低噪音和不佔空間等要求。壓電風扇是利用壓電材料具有壓電效應的特性來使葉片擺動,然後形成空氣流動來帶走 LED 所產生的熱。一般選用壓電風扇性能參數在於其壓電參數、扇葉厚度和黏合膠(Bonding Glue)之不同。圖 11-3-7 是一個實際應用範例,此為一個室內燈具模塊,搭配壓電風扇及小面積散熱鰭片,形成氣流,提高對流熱傳係數。

上蓋
擴散片
基板面蓋
側蓋

光源模組
散熱貼片

本體

葉片

圖 11-3-7　壓電風扇之結構與運作示意圖

http://lights.ofweek.com/2011-10/ART-220019-8300-28484299_7.html

11.3.2.3　結論

　　綜觀上述各種散熱技術，可以發現 LED 的散熱技術日益多元化，應用在高功率 LED 的散熱技術，也不再是單一選擇或單一應用。如何搭配各種散熱技術，使其達成低熱阻、高功率且常受命 LED，為目前 LED 最重要的課題之一。

參考書目

1. http://www.digitimes.com.tw/n/article.asp?id = 5953933BA0989DDA482570C30 040B424，封裝技術與材料推動 LED 發光效能。

2. http://www.led-shop.com.tw/page44.htm，Luxeon LED 介紹。

3. http://www.materialsnet.com.tw/DocView.aspx?id = 6871，高功率 LED 熱管理技術與量測。

4. http://tech.digitimes.com.tw/ShowNews.aspx?zCatId = A2N&zNotesDocId = 000 0061726_B7Y0Y285MA1FE2G7PHCC1，高功率 LED 熱效應推動封裝基板革命。

5. http://tech.digitimes.com.tw/ShowNews.aspx?zCatId = A2N&zNotesDocId = 0000078202_A6I9VL1R8918PZE1V2H9A，高功率 LED 基板未來展望。

6. http://www.osc.com.tw/study1/monthly/9611/9611_LED.pdf，LED 散熱基板發展趨勢。http://www.digitimes.com.tw/tw/dt/n/shwnws.asp?cnlid = 13&packageid = 3233&id = 0000167775_W25884HV6AJP5R6DRII0D&cat = 2 高功率 LED 散熱技術與發展趨勢。

第十二章

LED 照明燈具應用

作者　李孝貽

12.1　淺說 LED 照明

近幾年來，LED 照明發展逐漸成熟，它不僅參與各項應用，並一步步地出現在我們的生活，在全世界的各大城市裡，LED 照明早已參與其中，像台北的 101 大樓、中國上海之心等指標性的建築大樓，其外觀照明就是 LED 照明典型的例證，這些頻繁出現在賭場、旅館與飯店等各式公共建築的 LED 燈具，不但有助照明電量消耗的減少，其所賦予空間外觀生動與繽紛的色彩以及內部的特殊氣氛，已為許多城市增添了可貴的生氣與活力。除了建築照明外，道路、隧道、體育場，街道和航空跑道等，現在也幾乎都可以看到相關 LED 的照明設施，如圖 12-1。

在眾多使用 LED 的設施上，白光 LED 扮演了相當吃重的角色，尤其是在通用照明方面，其各式外型與規格的白光燈具，讓人耳目一新，例如在商店、博物館、辦公室、學校，實驗室與醫院等場所，不論是在屋簷上利用光反射所形成的光線帷幕，或是在安裝在天花板上的白光 LED 燈具，都已經被視為是現代裝潢不可或缺的一部份如，如圖 12-2。

圖 12-1　台灣竹北市運動場之 LED 室外環境照明

圖 12-2　台灣高雄應用科技大學雙科館 LED 室內環境照明

　　LED 白光燈具之價格逐年下降，在功能與工作的表現上均超越傳統燈源，以下條列出幾項典型 LED 白光燈具的特色提供給本書讀者參考，藉以瞭解 其優點所在：

①無論在室內或室外，在工作面或任一目標範圍裡提供明亮、穩定而高品質的彩色或白色的直接照明。

②幾乎適合所有的照明環境的需要。

③可提供空間完整豐富的有色光線與各種冷色系或暖色系的白色光線。

④可重現創建出的全彩動態照明效果，改變大型顯示器的顏色與色溫，這是傳統照明無法達到的功能。

⑤具備較傳統照明更高的光學效率。

⑥可以提供螢光燈與鎢絲燈無法達到的上萬小時的穩定的照明壽命。

⑦具備容易利用傳統燈具安裝的技術與方法達到更新舊有照明系統與操作的特點。

⑧具備耐震及於低溫下仍能高效率運作的特點。

⑨由於具備高效率、長壽命與低維修成本的特點，使得業主往往在一年之內就可回收投入安裝 LED 照明的費用並達到減少開銷成本的目的。

⑩具無熱輻射與長壽命不亦損壞的特點，因此對環境污染低，是最具環保特性的綠色照明元件。

目前的 LED 燈源可以搭配各式燈具，以適用於各種實際甚至是特殊的照明應用，大致可涵蓋工作照明、吸頂燈、輪廓照明、洗牆燈，滑軌燈、直視光源、泛光燈、路燈、緊急照明與重點照明等十種關鍵領域的應用。至於其他更詳細的照明應用資訊與 LED 照明設備的性能，以及 LED 在世界各地的成功運用的典範，我們將再做完整的介紹。

12.2　LED在照明上的應用

LED 燈源是一種半導體光源，安裝容易且使用方便，它在安裝使用時與傳統燈具無異，但是與白熾燈與螢光燈等傳統燈源有所不同，並且可以透過特殊的控制技術，精確地調整光的輸出。

LED 燈源多半是 LED 燈泡、燈具與電力及控制等電路整合成的光電系統，燈泡與燈具常緊密結合而不可分離，LED 燈泡較傳統燈泡的光發散角小的特點，使得 LED 燈泡在結合燈具後的效率往往高於傳統燈泡。

LED 燈源內往往是一群 LED 燈泡與燈具的組合，這群 LED 燈泡可能是單色、冷白色、中性白色或是暖白色的搭配組合，方便使用者可藉由按鈕的控制來調整燈具所發出的光線的顏色。

動態 LED 照明帶給劇院戲劇性的氛圍，無論是在公共空間或是住宅區裏，具有可調整色溫的 LED 白光照明不僅具備超越傳統照明的能力，也同時為了建築物與建築紀念碑的裝飾照明與強調照明開啟了新的契機，LED 燈源不僅可藉由外部電源供電，亦可直接從燈具內部內建的電源提供電力，以減少由外部電源供電繁瑣和低效的缺點。

LED 技術的進展已經使得白光 LED 燈具滿足公共與私人空間在日常照明上的需求，白光 LED 的效率與傳統照明系統如精巧型螢光燈（compact fluorescent light）相比，在某些情況下已經超越精巧型螢光燈效率（100 lumen/W）。在光通量與光的品質上，白光 LED 亦不遑多讓，尤其是經過妥善設計的 LED 燈源，可以提供優質的混光效果並具高照度均勻度，這對光

帷幕或是需要安裝在家具下的燈具或是重點照明而言，都是相當重要的。在正確使用 LED 的情況下，LED 可以維持 50,000 小時的光流明的輸出，這樣壽命長與輸出穩定的優勢，在不易更換燈泡或燈具的場所，具備了傳統照明沒有的優勢。

　　LED 照明系統符合成本效益所需：最初，安裝 LED 照明燈具可能超過傳統燈具的成本，但是每年花費在運作和維修保養費，電費和更換燈具的成本上則會有所減少，因此投資在 LED 照明系統的回收期通常不超過三年，並在某些情況下可能只有一年，長遠來看，安裝 LED 照明系統是較傳統者具備經濟效益的。

　　相關照明的法規與日遽增，旨在鼓勵大眾安裝全新的或現代化的照明燈具，藉以提高照明效率和減少照明對環境有害的影響，目前在市場上銷售的部分 LED 照明產品已經可以達到如加州的（Title 24）、北美國家的（Energy Star）或歐盟的（On the design of energy-consuming products）對產品效能要求所設定的標準。

eW Blast Powercore　　　　eW Graze Powercore

圖 12-3　美國波士頓萬豪海關大樓及其所使用的 Philips LED 相關燈具

　　高塔照明系統升級－波士頓萬豪海關大樓：在波士頓的第一座摩天大樓始建於 1915 年，在 2008 年更換成 LED 照明系統之後，在天空中，在原先使用的 PAR38 鹵素投射燈更換成了 125 座的 eW*Graze Powercore and eW Blast Powercore. 的 LED 投射燈具之後，整個建築的輪廓線條更為突出。

　　萬豪海關大樓在照明系統更新之後，比過去使用白熾燈時期的耗電量省了三倍，在每天六小時的照明使用下，LED 照明系統可以維持至少二十年不變的光流明輸出，明顯減低了燈源更換與維護的費用。

　　具備壽命長與高效率的白光 LED 開啟了建築結構照明的新紀元，也同時保護了世界珍貴的資源與環境，上述建築照明的應用就是一個鮮明的例子，證明了 LED 照明是一個節能且足以替代傳統照明的方案。

　　全世界每年消耗的電量約 20% 在照明上，以價格來看，相當於美金 600 億元，專家預估到了西元 2025 年使用 LED 照明應可比目前節省 50% 消耗在照明上的電量，事實上，單單將傳統交通號誌所使用的白熾燈泡更換成 LED 燈源便可節省數百億美元的費用，如果 LED 燈具可以普遍被大家接受，如以每年節約 189 兆瓦小時的潛力估計，便足足可節省相當於 30 年的 1000 兆瓦的發電能量。

圖 12-4　美國拉斯維加斯的世貿中心中庭使用 Philips LED 照明燈具

圖 12-5 英國知名的 Kreggs Peak 蛋糕店使用 Philips LED 照明燈具

英國的 Kreggs Peak 糕餅店在安裝了 LED 燈具之後,不僅節省了燈源電力的開銷,也因為減少了燈源所釋放的熱量,降低了空調的電力預算的負擔

LED 光源是一種相當新的技術,在效率、效能、可否獲利或是壽命等指標上均優於傳統光源,在應用上不僅幾乎能完全取代白熾燈泡,在需要單色光線的應用上也優於高壓放電燈的表現,但是 LED 無法解決所有的問題,即使白光 LED 光源之性能具備取代高壓放電燈或日光燈管的潛力,但是要能為通用照明市場所接受,可能還得假以時日,但是無論如何,LED光源的效率是白熾燈泡與鹵素燈的五倍有餘,這是不爭的事實,只要能夠持續發展,相信總有一天會在市場上可與螢光燈相互抗衡。自從白光 LED 問世以來,其光流明數隨著光效率的改善而每年平均約增加 35%,。同時,在過去的幾十年以來,每年的 LED 成本平均減少了約 20%。換句話說,白光LED 每單位成本價格的的光流明數約每 1.5 ~ 2 年就成長一倍

白光 LED 不像白熾燈泡,不會產生紅外輻射,因此可以安裝在對熱敏感的人和材料附近,也不會像螢光燈輻射紫外線,不會放出有害物質與慘白的光線,因此適合安裝在商店櫥窗博物館與藝術畫廊等場所。白光不排放紫外線,不具破壞性材料,其具豐富顏色的白光使它們很適合被安裝在需要光

線打亮的商店櫥窗，博物館和藝術畫廊，而且不會破壞被照亮的物品。

　　LED 燈具雖然會產生熱，但是輻射出的光不含紅外線，透過散熱元件可將過多的熱能傳導到遠離燈具的空間裡，使燈具不受聚集的熱能而影響，此外由於 LED 燈源沒有燈絲或容易移動的零件，因此不像傳統的燈源，容易在如低溫與震動等惡劣環境下損壞或故障，LED 燈具具備在不使用光學濾波片的情況下調整白光色溫的能力，也可以很容易地產生出數以百萬種顏色的光線，LED 燈源開關的反應時間很短，亦不含汞等對環境有害的物質。

12.3　LED 燈源

　　Lumen（lm）- 流明是一種計算光源的光功率的單位，以一顆 60 瓦電功率的鎢絲燈泡而言可以發出約 800 流明的光功率。

　　第一顆發光二極體由在通用電器公司服務的 Nick Holonyak 於 1962 年所發明。剛開始這種只能發出紅光的元件的功率偏低效率也不彰。到了 1970 年初綠光與黃光 LED 相繼問世，並應用在如手錶、計算機、交通或出口方向指示號誌方面，到了 1990 年，紅、綠與黃光 LED 已經可以達到 1 lumen（lm）的光流明的輸出。到了 1993 年在日亞公司服務的 Shuji Nakamura 工程師創造出第一顆高亮度藍光 LED。既然可以發出藍綠紅三原色光線的 LED 光源皆已問世這表示使用 LED 足以滿足包含白色等各種顏色應用的需求，透過藍光或紫外光 LED 激發螢光粉層形成的螢光白光 LED 則是問世於 1996 年。到了 2000 ～ 2005 年，LEDs 在需求單一顏色的應用上，逐漸取代白熾燈泡，目前白光 LED 不但可達到 130 流明以上，並且可以產生如白熾燈泡螢光燈或是自然光色溫的光線，因此逐漸可以與傳統光源匹敵，並應用在如舞台或戲院等場合的照明。LED 至今已經廣泛地被使用在通用照明的各項應用上，根據光電子工業發展協會與能源部的預估，在 2025 年前 LED 將會成為家庭與辦公室裡應用最廣泛的燈源。

　　就功能上來看，LED 可以分成指示與照明兩類型的應用，例如截面直

徑在 3 ～ 5mm 範圍的砲彈型 LED 就是典型的指示類型的 LED，這種的
LED 因為低電功率所以溫度低，散熱容易，價格便宜，多半使用在凸顯電
子儀器、汽機車的儀表板或顯示器上的資訊之用。照明類型的 LED 則分為
表面黏著型-SMD LED（Surface Mounted Device LED）與高功率型 LED（high
power LED），SMD LED 透過表面黏著技術（surface mount technology）可
將 SMD LED 直接焊接在印刷電路板預先規劃好的電路上，透過散熱裝置與
印刷電路板的直接接觸，可較容易將 SMD LED 的熱導引到遠離 LED 的位
置，因此 SMD LED 可以應用在易產生熱的照明應用上 - 例如需要高功率的
通用照明的領域。高功率型 LED 則是每顆本身便具備了耐熱與導引熱流機
制的裝備，使其符合在高功率照明上的應用需求。LED 大多至少包含半導
體發光晶片、基座（供導線連結晶片施以順向偏壓）、散熱片傳導晶片熱流
藉以散熱。

圖 12-5　砲彈型 LED

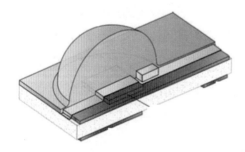

圖 12-6　高功率型 LED

　　發光二極體可由不同的半導體材料所組成，不同材料發出的光的顏色或波長亦不盡相同，如磷化鎵（GaP）、磷砷化鎵（GaAsP）和鋁砷化鎵（AlGaAs）等材料所發出從紅色到黃綠色等顏色的輻射，但因無法承受高溫，所以目前大多只用於如 LED 指示燈等低功率用途，如果要應用在照明等高功率的用途，一般會選擇可以發出高亮度的紅色或琥珀色光線的磷化銦鎵鋁（AllnGaP）以及可發出藍綠色或藍色銦氮化鎵（InGaN）等材料，除了唯獨在黃綠色的波段有所欠缺之外，運用這兩種材料製成的 LED 幾乎可以囊括所有可見光光譜內波長的光線。

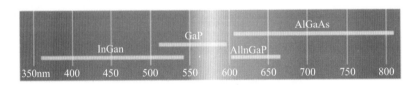

圖 12-6　LED 化合物半導體材料之光譜範圍

　　除了在 550-585 nanometer（nm）這個波段以外，AllnGaP and InGaN 等可發出高亮度的 LED 材料可發出的光線幾乎足以涵蓋所有可見光的光譜，屬於這個波段的顏色可藉由綠光與紅光 LED 所發出的光線的混合而得。LED 製造商經常提供各種不同光顏色的 LED，每種 LED 雖然由於材料彼此不同且只能發出如紅、紅橙、綠或藍等單一種顏色，但當把各種不同的 LED 所發出的光適當地組合在一起時，便可以混合形成數以百萬計不同顏色的光線，例如目前電視電腦顯示器或全彩 LED 等元件顯示各樣色彩的機制就是利用 R 紅 G 綠 B 藍三原色的混色原理，這種混色的原理建築在顏色相加混色的理論之上，多半應用在光線直接混合的時機。為了能使這種混色理論能夠量化，在 1931 年 CIE 協會對標準人眼可感知的顏色範圍，提出了一個標準的色域圖，俗稱 1931 色域圖，事實上，直至目前沒有一種電視、電腦顯示器或全彩 LED 等元件所能展現的顏色可以超越 1931CIE 色域圖所能包含的範圍，這些相關全彩 LED 的元件所能展現的顏色範圍與所利用的

R 紅 G 綠 B 藍有密切的關係。

　　R 紅 G 綠 B 藍三個顏色在 1931CIE 色域座標圖裡可以用三個座標點表現，連結這三個點所形成的三角形內的顏色範圍代表了全彩 LED 最多所能夠展現的顏色種類，就技術層面來看，實際上一個 8 位元的控制器就能夠使全彩 LED 展現出一千六百萬種顏色這已經超過人眼在這個三角形的顏色範圍內可以分辨的顏色數量了，但是在這三角形的顏色範圍外，全彩 LED 元件可以在無須使用光學濾波器吸收光線的條件下完成各種顏色的展現，這項優點是一般光源或顯示屏無法具備的，也使得全彩 LED 總是可以高效率地表現出各項顏色。

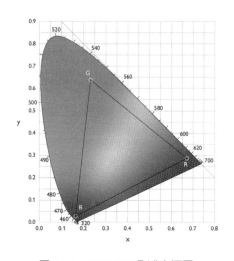

圖 12-7　1931CIE 色域座標圖

　　有兩種方法使 LED 產生白光，依照 1931CIE 色域圖與加法混色理論，白色可以藉由適當強度比例的紅綠藍三色光線混合而得，因此可以藉由會發出紅、綠、藍三種顏色的 LED 共同混合形成白光而得，或是利用藍光激發螢光粉放出黃光後，與藍光共同混合形成白光，這兩類方法雖然均可獲得白色的光線輸出，但是前者方法在實施上較為困難，而且形成的白光不如藍光激發螢光粉者較能忠實且有效率地使受照物體顯示出應該具備之顏色（演色

性較差）。

　　加法混色模型用於描述由光源所發出的光線的混合結果，例如紅光、綠光與藍光的混光結果形成白色的光線，減法混色模型用於描述由反射面反射出的光線的混合結果，例如紅色油漆表面反射回來的光是白光減去綠色與藍色的結果。

　　利用螢光粉受激產生白光的 LED 可產生各種不同色溫的白光，色溫的決定取決於藍光的波長與螢光粉層的成份與厚度，為了穩定白光的色溫，製造商必須嚴格控制螢光粉層的製程，依照加法混色理論，白光 LED 所發出的光色受到內含的紅綠藍的光強度的比例而決定，也就是說，其白光內冷白與暖白光線成分的強度比例將決定 LED 白光的色溫。

　　LED 照明燈具—LED 光源系統包含電源供應器電壓轉換器 LED，控溫電路控制管理元件、透鏡與其他混光分光或移除光線的裝置，在接下來章節的內容裡，將介紹一種典型的 LED 燈具—LED 投射聚光燈的設計及模擬過程，期望使讀者對 LED 燈具的應用與設計能有更深一層的認識或看法。

12.4　LED 燈具 -COBLED 聚光燈之設計與模擬

12.4.1　LED 聚光燈設計架構及期望目標

　　設計產品之前必須先確認市面上聚光型白熾燈泡尺寸、外型、發光角度等，搜尋結果燈具外徑 40mm-60mm 均有，其中以 50mm 左右為多數，故我們設定燈具外徑為 50mm 大小。而根據傳統白熾聚光燈泡所顯示的角度，有 10°、30°、35°、45° 等角度，我們設定難度較高的 10° 聚光角度；最後因為使用高效率 LED 光源，LED 光源之光通量在其封裝出廠時，即已得知，置入 LED 專屬燈殼內部及光線經過之二次元件透鏡後會有光損耗之問題，為使光源能有效利用，我們設定光源使用效率須達 80% 以上。綜合以上，我們訂出要設計之二次元件直徑為 50mm、發光角度為 10° 及產品光源

使用效率達 80% 以上之期望目標，其設計流程圖（如圖 12-8）如下：

圖 12-8　LED 聚光燈透鏡設計開發流程圖

　　設計採用 COB LED 光源，LED 光源由廠商寶霖科技股份有限公司提供，為 5W 白光光源，為使能有效控制燈具之發光角度能在 10° 之內，我們限制發光源之發光面積為直徑 10mm 以下，以利設計產品尺寸之控制。合作廠商提供之數據如圖 12-9 到圖 12-11，

圖 12-9　COB 製程之 5W LED 光源實體圖

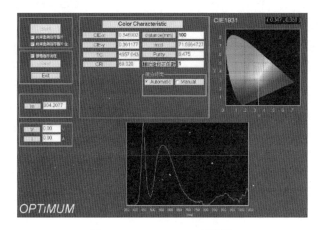

圖 12-10　COB LED 量測表

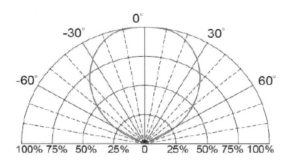

圖 12-11　COB LED 配光曲線圖

12.4.2　聚光二次元件結構設計與模擬

　　選定光源並定義設計之聚光燈大小及規格後，採用 ZEMAX 光學設計軟體來設計此二次光學元件，設計滿足發光角度為 10° 之二次元件，後並採用系統優化程式，對此二次元件進行效率最佳化工作。二次元件之雛型設計流程圖如圖 12-12，在 ZEMAX 中設置多種參數及圖型之變換來進行交集、差集、連集等動作如圖 12-13，設計滿足目標之大小規格及滿足小於 10° 之角度，再利用程式系統之優化程式如圖 12-14 進行優化動作，最後代入真實實體所建之虛擬模型作模擬動作如圖 12-15、12-16，其中設定光源 LED

發光光通量為 280lm 作為模擬之光源能量，而模擬材質設定為塑膠材質之 PMMA。

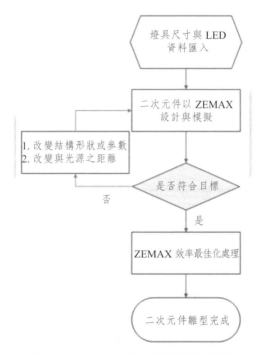

圖 12-12　二次元件之雛型設計流程圖

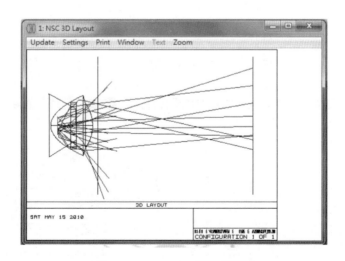

圖 12-13　ZEMAX 設計模擬圖

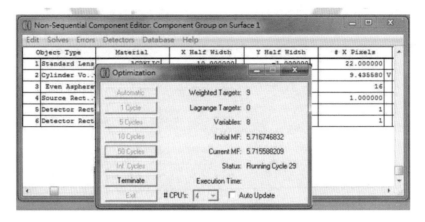

圖 12-14　ZEMAX 優化二次元件過程

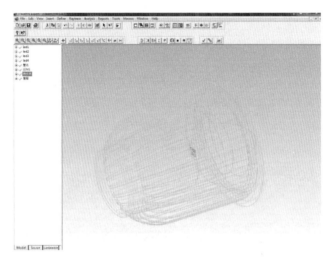

圖 12-15　建入模擬軟體中之虛擬模型

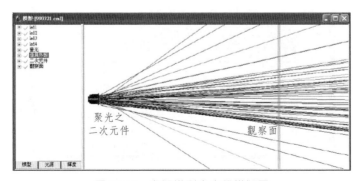

圖 12-16　虛擬模型之光學模擬圖

聚光之二次元件模擬之結果如圖 12-17、12-18 與 12-19，滿足設計之期望目標 10° 之角度，聚光之二次元件燈具總體發光光通量為 245.32lm，比之輸入之能量 280lm，效率為 87.61%，滿足設計之期望目標。

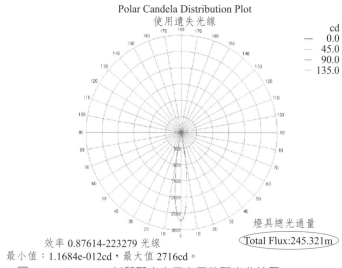

圖 12-17　PMMA 材質聚光之二次元件配光曲線圖

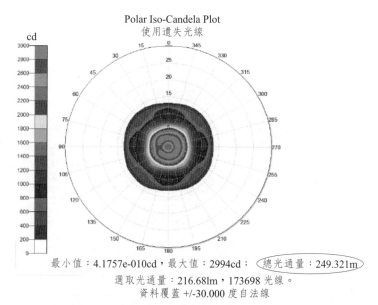

圖 12-18　PMMA 材質聚光之二次元件坎德拉圖

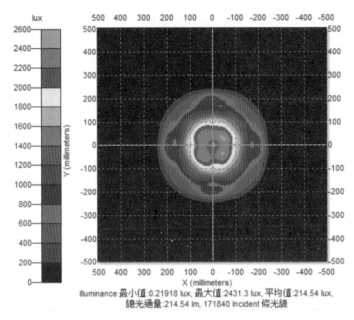

Illuminance 最小值:0.21918 lux, 最大值:2431.3 lux, 平均值:214.54 lux,
總光通量:214.54 lm, 171840 Incident 條光線

圖 12-19 PMMA 材質聚光之二次元件一米觀測處照度圖

目前製作塑膠透鏡，最常用的材質就是 PMMA 材質（Polymethacrylate 丙烯酸脂樹脂、壓克力）和 PC 材質（Polycarbonate 聚碳酸脂樹脂），以下表 12-1 為兩者材料特性之比較：

表12-1 塑膠材質比較表

	PMMA丙烯酸脂樹脂 （Polymethacrylate）	PC聚碳酸脂樹脂 （Polycarbonate）
穿透率	92%	85%
折射率	1.492	1.586
優點	・透光性佳 ・成品收縮率低	・韌性高 ・耐衝擊 ・耐熱性佳 ・尺寸穩定好
缺點	・吸濕性很高 ・易刮傷 ・脆性大、彈度低 ・耐衝擊性低	・成型性較困難 ・低耐疲勞性 ・雙折射情況嚴重 ・成品收縮率高

　　將 PC 材質特性資料輸入光學系統中模擬，得到 PC 材質之配光曲線如圖 12-19，坎得拉圖如圖 12-20，其光利用效率為 82.5%，與 PMMA 模擬之數據 87.61% 相比，中心光強度雖然高出很多，但因 PC 光效率較差且成品收縮率高，實體成品之表現容易跟模擬結果有所誤差，故採用 PMMA 材質為手工模具之材料。

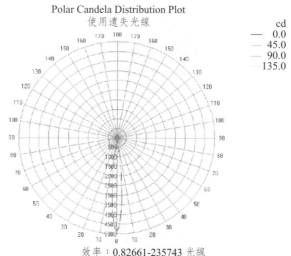

效率：0.82661-235743 光線
最小值：2.7986e-005cd，最大值：4851.7cd；Total Flux 231.451m
圖 12-19　PC 材質聚光之二次元件配光曲線圖

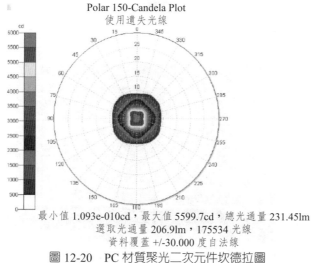

最小值 1.093e-010cd，最大值 5599.7cd，總光通量 231.45lm
選取光通量 206.9lm，175534 光線
資料覆蓋 +/-30.000 度自法線
圖 12-20　PC 材質聚光二次元件坎德拉圖

經由優化設計之二次元件，在手工模具完成之後，如圖 12-21，並組成燈具樣式（如圖 12-22），量測其流明值（如圖 12-23）後投射在一米處之屏幕上（如圖 12-24），透過配光曲線儀所量測之配光曲線如圖 12-25，隨後以照度計測量其中心照度，確認是否吻合產品照度規格。

圖 12-21　設計之二次元件透鏡實體圖

圖 12-22　實體燈具展示圖

圖 12-23　實體之燈具透過積分球量測之流明值

圖 12-24　完成之 LED 燈具投射至一米遠處屏幕之實景圖

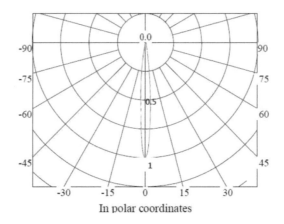

In polar coordinates

圖 12-25　實體模型所量測之配光曲線圖

參考書目

1. Bahaa E.A. Saleh, Malvin Carl Teich, 'Fundamentals of Photonics', A Wiley-Interscience Publication, 1991.

索引

七劃

十二劃

十三劃

十八劃

十九劃

二十劃

二十一劃

二十四劃

國家圖書館出版品預行編目資料

光電系統與應用／林宸生等著. ——初版.
——臺北市：五南，2013.05
　　面；　公分
　ISBN 978-957-11-7054-1 (平裝)

　1.光電科學　2.電子光學

448.68　　　　　　　　　　102004758

5DF9

光電系統與應用
The Application of Electro-optical Systems

作　　者 ― 林奇鋒　林宸生　張文陽　王永成　陳進益
　　　　　　李昆益　陳坤煌　李孝貽

發 行 人 ― 楊榮川

總 編 輯 ― 王翠華

主　　編 ― 穆文娟

責任編輯 ― 王者香

封面設計 ― 小小設計有限公司

出 版 者 ― 五南圖書出版股份有限公司

地　　址：106台北市大安區和平東路二段339號4樓

電　　話：(02)2705-5066　　傳　　真：(02)2706-6100

網　　址：http://www.wunan.com.tw

電子郵件：wunan@wunan.com.tw

劃撥帳號：01068953

戶　　名：五南圖書出版股份有限公司

台中市駐區辦公室／台中市中區中山路6號

電　　話：(04)2223-0891　　傳　　真：(04)2223-3549

高雄市駐區辦公室／高雄市新興區中山一路290號

電　　話：(07)2358-702　　傳　　真：(07)2350-236

法律顧問　元貞聯合法律事務所　張澤平律師

出版日期　2013年5月初版一刷

定　　價　新臺幣420元